1. Terme und Gleichungen – Potenzen

Terme mit Variablen

1. Finde die richtige Termstruktur.

a)

Term	Termstruktur/Name
$4x + 8y$	
$5 - (+2x)$	
$4\,(2x + 8)$	
$(x + 2)\,(x + 8)$	

b)

Term	Termstruktur/Name
$\frac{5x}{3}$	
$13y : 2$	
$(3x + 4)^2$	
$(a - 7) - (b + 8)$	

2. Stelle den Term auf und notiere den Namen des Terms.

a) Dividiere die Summe aus x und 2 durch die Summe von x und 8: ______________________

____

b) Verdreifache die Differenz von 5 und x: ______________________

c) Quadriere die Summe von 4 und dem Dreifachen von x: ______________________

____

d) Subtrahiere von der Differenz von x und 7 die Summe von x und 9: ______________________

____

3. Fülle die Tabelle aus.

x	$7 \cdot x$	$7 \cdot x + 3$	$7 \cdot (x + 3)$	$x \cdot (x - 1)$	$x^2 - 30$
5					
−8					
1,2					
−0,3					

4. Gib für den Umfang des gleichschenkligen Dreiecks einen Term an.
Berechne den Umfang für x = 17 cm.

a)

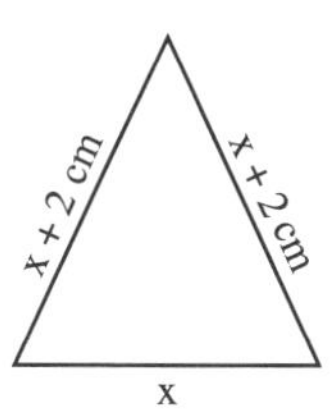

u = ______________________

u = ______________________

b)

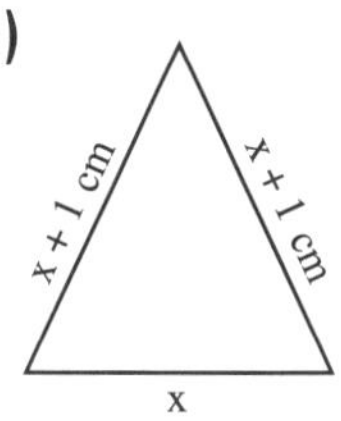

u = ______________________

u = ______________________

c)

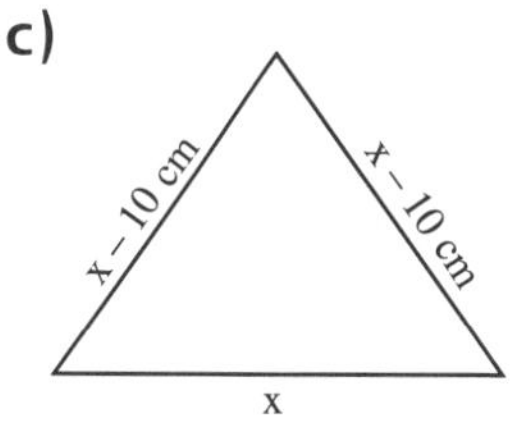

u = ______________________

u = ______________________

Termumformungen

1. Vereinfache. Beachte, dass du nur gleichartige Ausdrücke zusammenfassen darfst.

a) $4a + 13 - 2a + 4$ = ______

b) $x + 21 + 7x - 9$ = ______

c) $8x - 7 + 3x + 10 - x$ = ______

d) $11 \cdot x + 3 \cdot y - 4 \cdot x + y$ = ______

e) $5u + 7v + 3u - 4v$ = ______

f) $13a + 29b - 7b + 14a$ = ______

g) $17m + 8s - 4m - 2s$ = ______

h) $47f + 4g - 13f + 7g$ = ______

2. a) $7{,}5r + 4{,}8s - 6{,}9r + 8{,}4s$ = ______

b) $-13{,}6m - 0{,}3p + 13{,}6m + 4{,}2p$ = ______

c) $\frac{7}{8}z + \frac{11}{12}w - \frac{3}{8}z - \frac{5}{12}w$ = ______

d) $\frac{1}{2}x + 7y + 3\frac{1}{4}x - 12y$ = ______

e) $12a + 8\frac{1}{4}b + 3\frac{1}{2}a + 14{,}5b$ = ______

3. Vereinfache.

a) $5a \cdot 3$ = ______

b) $6z \cdot 4b$ = ______

c) $13x \cdot (-2)$ = ______

d) $-2x \cdot 3y$ = ______

e) $1{,}5 \cdot 0{,}2z$ = ______

f) $-4s \cdot (-3f)$ = ______

g) $5a \cdot 0{,}1$ = ______

h) $\frac{1}{2}a \cdot 6ab$ = ______

i) $0 \cdot t \cdot 3p$ = ______

j) $-1{,}2x \cdot 5 \cdot xy$ = ______

4. Fasse geeignet zusammen.

a) $5 \cdot (2x) + 13 \cdot (2x)$ = ______ = ______

b) $4 \cdot 9p - 72p : 6$ = ______ = ______

c) $1{,}5 \cdot 7a - 36b : 9 + 0{,}4 + 13a - 9b : 1{,}5$ = ______ = ______

5. Ergänze passend.

a) $\square \cdot 9z = -63z$ $\square$ = ______

b) $6 \cdot \square = 9m$ $\square$ = ______

c) $12xy : \square = -24xy$ $\square$ = ______

d) $2a^2 \cdot \square = 3a^2$ $\square$ = ______

e) $5u^2 \cdot \square = -7{,}5u^2v$ $\square$ = ______

f) $4mn \cdot \square = 20m^2n$ $\square$ = ______

Lösen von Gleichungen und Ungleichungen

1. Löse die Gleichung.

a) $23 - 7x = x + 7$ |

______ = ______ |

______ = ______ |

______ = ______

b) $30x + 8 = 8x - 124$ |

______ = ______ |

______ = ______ |

______ = ______

c) $0{,}2x + 7 = 0{,}4x + 3$ |

______ = ______ |

______ = ______ |

______ = ______

d) $\frac{1}{2}z - 2 = -\frac{3}{4}z - 2$ |

______ = ______ |

______ = ______ |

______ = ______

e) $6z - 3 + 8z - 5 = 12z - 4 - 2z - 2$ |

______ = ______ |

______ = ______ |

______ = ______

2. Löse die Ungleichung. Denke an die besondere Multiplikations- und Divisionsregel.

a) $x + 14 < 52$ |

______ < ______

$L = \{x \in \mathbb{Q} \mid x <$ ______ $\}$

b) $2x - 4 > 6$ |

______ > ______ |

______ > ______ |

$L = \{x \in \mathbb{Q} \mid x >$ ______ $\}$

c) $4x + 8 \le 2x - 14$ |

______ ≤ ______ |

______ ≤ ______ |

______ ≤ ______ |

$L = \{x \in \mathbb{Q} \mid x \le$ ______ $\}$

d) $6x - 4x \ge -9$

______ ≥ ______ |

______ ___ ______

$L = \{x \in \mathbb{Q} \mid x$ ___ ______ $\}$

e) $5x - 4 < 8x + 31$ |

______ ______ ______ |

______ ______ ______ |

______ ______ ______ |

$L = \{x \in \mathbb{Q} \mid x$ ___ ______ $\}$

f) $7x + 23 - 3x \le 14 + 5x - 56$

____

____

____

____

Anwendungsaufgaben

1. Alina denkt sich eine Zahl. Sie sagt: „Wenn ich die Zahl verdopple und dann 5 addiere, so erhalte ich 61." Löse das Zahlenrätsel mit einer Gleichung. Beachte die Zeichnung.

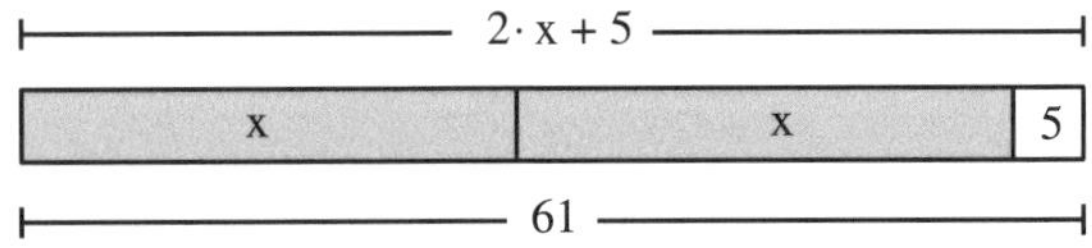

Gleichung: ______________________

____

____

Antwort: ______________________

2. Schreibe zu dem Zahlenrätsel die Gleichung auf und bestimme die Lösung.

a) Wenn ich eine Zahl verdreifache und dann 4 addiere, so erhalte ich 28.

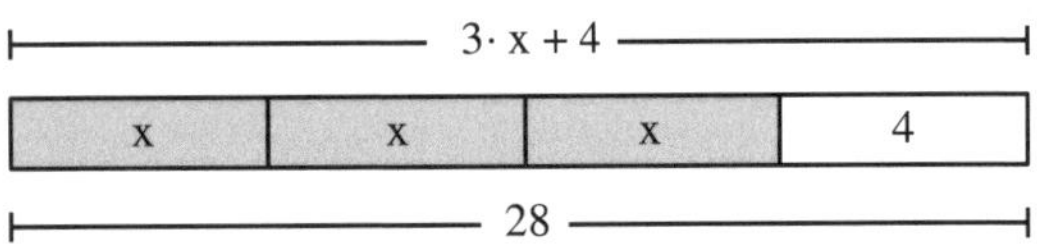

Gleichung: ______________________

____

____

Antwort: ______________________

b) Wenn ich eine Zahl halbiere und dann 5 addiere, so erhalte ich 17.

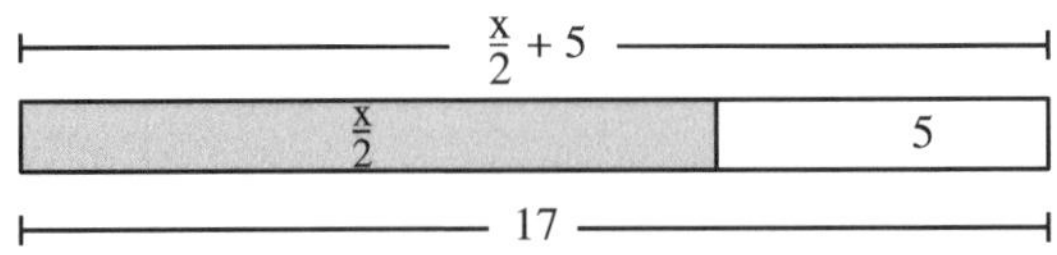

Gleichung: ______________________

____

____

Antwort: ______________________

3. Frau Wagner kauft 5 Rosen und eine Topfpflanze. Die Pflanze kostet 4,90 €. Für ihre Schwester kauft sie 3 Rosen. Sie zahlt für alles zusammen 16,10 €.
Was kostet eine Rose?

Skizze:

Gleichung: ______________________

____

____

Antwort: ______________________

4. Ein rechteckiges Grundstück wird ringsum mit einem Bauzaun abgesichert. Man braucht 122 m Zaun. Das Grundstück ist 37 m lang. Wie breit ist es?

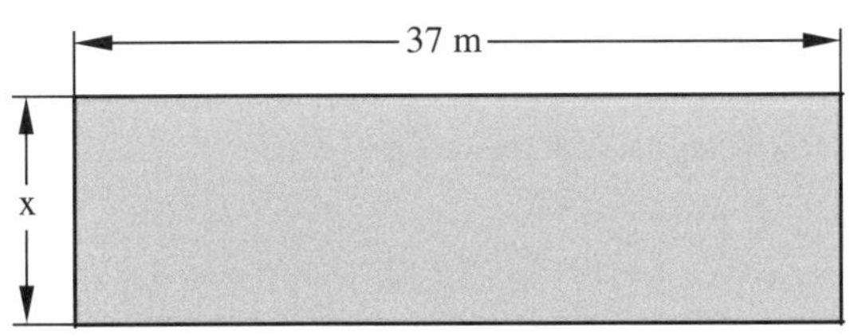

Gleichung: ______________________

____

Antwort: ______________________

Potenzen mit ganzen Exponenten

1. Schreibe als Potenz und berechne.

a) $5 \cdot 5 \cdot 5 \cdot 5$ = ________ = ________

b) $(-4) \cdot (-4) \cdot (-4)$ = ________ = ________

c) $0{,}8 \cdot 0{,}8$ = ________ = ________

d) $\left(-\frac{7}{3}\right) \cdot \left(-\frac{7}{3}\right) \cdot \left(-\frac{7}{3}\right)$ = ________ = ________

2. Berechne.

a) 2^8 = ________

b) 1^4 = ________

c) 2^{10} = ________

d) $\left(\frac{5}{9}\right)^2$ = ________

e) $\left(\frac{1}{10}\right)^4$ = ________

f) $\left(\frac{7}{6}\right)^3$ = ________

g) $(-0{,}6)^2$ = ________

h) $(-4)^5$ = ________

i) $(-0{,}2)^5$ = ________

3. Schreibe als Potenz.

a) 32 = ________

b) 125 = ________

c) 256 = ________

d) 1000 = ________

e) 1024 = ________

f) 625 = ________

4. Berechne und vergleiche.

a) 2^3 = ________; $2 \cdot 3$ = ________; 3^2 = ________

b) 2^5 = ________; 5^2 = ________; $2 \cdot 5$ = ________

c) 3^4 = ________; 4^3 = ________; $4 \cdot 3$ = ________

Vergleich:

a) ____ < ____ < ____

b) ____ < ____ < ____

c) ____ < ____ < ____

5. Berechne. Verwende eventuell einen Zettel für deine Rechnung.

a) $5 + 4 \cdot 3^2$ = ________

b) $50 - 4 \cdot 3^2$ = ________

c) $2 \cdot 3^4 + 4 \cdot 3^2$ = ________

d) $9 \cdot 2^3 - 7 \cdot 7^2$ = ________

e) $28 \cdot 3^4 - 15 \cdot 3^4$ = ________

f) $3 \cdot 6^2 + 7 \cdot 6^2 - 5 \cdot 6^2$ = ________

g) $0{,}5^4 + 8 \cdot 0{,}5^4 - 3 \cdot 0{,}5^4$ = ________

h) $17 \cdot \left(\frac{2}{3}\right)^3 - 19 \cdot \left(\frac{2}{3}\right)^3 + 11 \cdot \left(\frac{2}{3}\right)^3$ = ________

6. Berechne.

a) 5^0 = ________

b) $(-7)^0$ = ________

c) x^0 = ________

d) $a^0 + b^0$ = ________

e) 2^{-3} = ________

f) 3^{-2} = ________

g) 11^{-1} = ________

h) $(-3)^{-1}$ = ________

7. Berechne.

a) $\left(\frac{1}{2}\right)^{-3}$ = ________

b) $\left(\frac{4}{5}\right)^{-1}$ = ________

c) $\left(-\frac{2}{5}\right)^{-4}$ = ________

d) $\left(\frac{-1}{2}\right)^{-5}$ = ________

e) $2 \cdot 5^{-3}$ = ________

f) $7 \cdot (-4)^{-2}$ = ________

8. Schreibe mit negativen Exponenten.

a) $\frac{1}{4}$ = ______ b) $\frac{1}{16}$ = ______ c) $\frac{1}{1000}$ = ______ d) 0,4 = ______

9. Schreibe ohne negativen Exponenten.

a) x^{-2} = ______ b) $2 \cdot z^{-3}$ = ______ c) $\frac{x^3}{y^{-3}}$ = ______ d) $x^2 - y^{-3}$ = ______

10. Schreibe ohne Bruchstrich, verwende negative Exponenten.

a) $\frac{2}{3a}$ = ______ d) $\frac{x}{y^2z^3}$ = ______ g) $\frac{1}{z} - 3$ = ______

b) $\frac{8}{y^2}$ = ______ e) $\frac{2z}{(a-b)^2}$ = ______ h) $\frac{7}{a^3} + \frac{3}{a^5}$ = ______

c) $\left(\frac{x}{y}\right)^2$ = ______ f) $\frac{5}{x} - \frac{4}{x^2}$ = ______ i) $\frac{2}{y^2} - \frac{4z}{y^5}$ = ______

11. Schreibe mit abgetrennter Zehnerpotenz.

$720\,000 = 7{,}2 \cdot 10^5$

a) 150 = ______

b) 2 500 = ______

c) 12 000 = ______

d) 408 000 = ______

e) 7 800 000 = ______

f) 9 080 000 000 = ______

g) 63 000 000 = ______

12.

$0{,}000043 = 4{,}3 \cdot 10^{-5}$

a) 0,072 = ______

b) 0,36 = ______

c) 0,0017 = ______

d) 0,0063 = ______

e) 0,000085 = ______

f) 0,000244 = ______

13. Schreibe ohne Zehnerpotenz.

$8{,}4 \cdot 10^4 = 84\,000$

a) $1{,}7 \cdot 10^1$ = ______

b) $7{,}3 \cdot 10^5$ = ______

c) $9{,}03 \cdot 10^6$ = ______

d) $8 \cdot 10^7$ = ______

e) $2{,}005 \cdot 10^4$ = ______

f) $27 \cdot 10^3$ = ______

g) $0{,}6 \cdot 10^5$ = ______

14.

$3{,}7 \cdot 10^{-4} = 0{,}00037$

a) $4{,}8 \cdot 10^{-2}$ = ______

b) $5{,}9 \cdot 10^{-4}$ = ______

c) $3{,}08 \cdot 10^{-7}$ = ______

d) $6{,}62 \cdot 10^{-2}$ = ______

e) $0{,}4 \cdot 10^{-3}$ = ______

f) $72 \cdot 10^{-6}$ = ______

2. Weiterführung der Prozent- und Zinsrechnung

Erhöhen des Grundwertes

1. Berechne den neuen Preis. Färbe die Lösungen im Lösungsfeld blau.

	a)	b)	c)	d)	e)	f)	g)
Alter Preis (in €)	220	250	120	324	238	160	250
Erhöhung um	19 %	8 %	2 %	5 %	7 %	5,5 %	20,5 %
Erhöhung auf	119 %						
Neuer Preis (in €)							

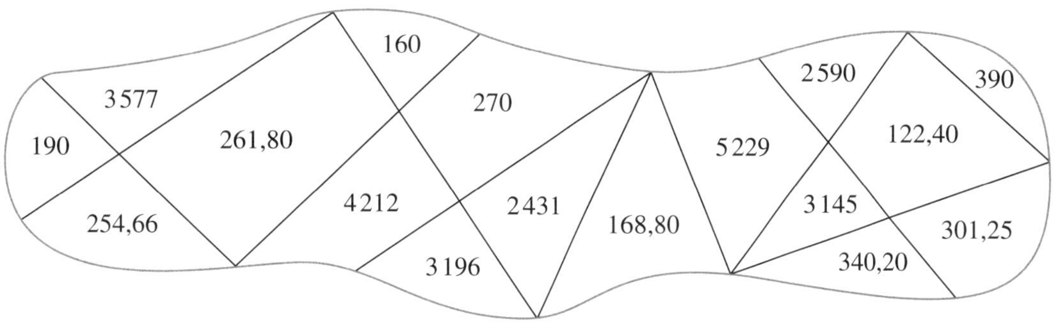

2. Verlängere die Strecken

(1) um 50 %

(2) um 10 %

(3) um 20 %

(4) um 25 %

3. Erkundige dich nach dem Mehrwertsteuersatz und berechne den Bruttopreis.

Nettopreis	Mwst.
Bruttopreis	

	a)	b)	c)	d)	e)	f)	g)
Nettopreis (in €)	63	790	1 400	5 100	259	17 500	54,30
Bruttopreis (in €)							

4. Frau Schubert zahlt bisher 459 € Miete. Diese wird um 8 % erhöht. Wie viel Euro beträgt die neue Miete?

Antwort: ______________________________

Vermindern des Grundwertes

1. Berechne den neuen Preis. Färbe die Lösungen im Lösungsfeld (Seite 7) rot.

	a)	b)	c)	d)	e)	f)	g)
Alter Preis (in €)	6300	4700	4900	3700	5200	2800	2600
Preisnachlass	17 %	32 %	27 %	15 %	19 %	7,5 %	6,5 %
Verminderung auf	83 %						
Neuer Preis (in €)							

2. Verkleinere jeweils die Fläche.

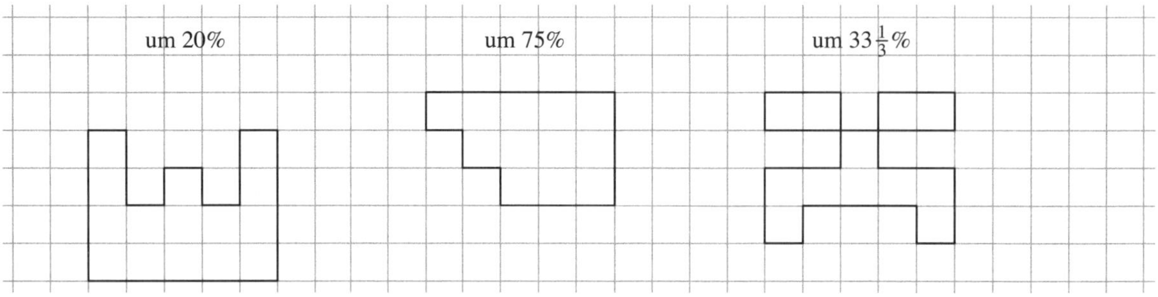

3. Lena kauft einen Pullover im Schlussverkauf. Der alte Preis von 60 € ist um 25 % vermindert worden. Berechne den neuen Preis.

Antwort: ______

4. Ein Möbelhaus bietet wegen Räumung des Lagers 28 % Preisnachlass und gewährt bei Barzahlung noch 3 % Rabatt auf den ermäßigten Preis. Ein Schrank kostete 1200 €.

a) Berechne den Endpreis bei Barzahlung.

Antwort: ______

b) Hätte man bei Barzahlung gleich 31 % Preisnachlass gewähren können? Begründe.

Antwort: ______

Berechnen von Grundwert und Prozentsatz

1. Berechne die fehlenden Angaben.

Ursprünglicher Preis			280 €	48 €	
Neuer Preis	160 €		352,80 €		250 €
Veränderung des Preises		67,50 €			50 €
Veränderung in %	Erhöhung um 28 %	Verminderung um 9 %		Erhöhung um 37,5 %	Verminderung

2. Die Schülerzahl der Theodor-Heuss-Schule ist im Vergleich zum vergangenen Schuljahr um 8 % gesunken. Sie beträgt jetzt noch 598. Wie viele Schüler und Schülerinnen hatte die Schule im vergangenen Schuljahr?

Antwort: ______________________________

3. Um wie viel Prozent wurden die Preise erhöht bzw. gesenkt?

Wochenkarte	Benzinpreis	Brot	Reinigung
alt: 15 €	alt: $1{,}59^9$ €	alt: 1,75 €	alt: 3,70 €
neu: 16 €	neu: $1{,}53^9$ €	neu: 1,80 €	neu: 4,50 €
____________	____________	____________	____________

4. Ein Fahrrad kostet 400 €. Dieser Preis wird um 10 % erhöht, der erhöhte Preis wird später nochmals um 10 % erhöht.

a) Wie teuer ist das Fahrrad (1) nach der ersten, (2) nach der zweiten Preiserhöhung?

Antwort: (1) ____________________ (2) ____________________

b) Um wie viel Prozent ist der ursprüngliche Preis ingesamt gestiegen?

Antwort: ______________________________

5.

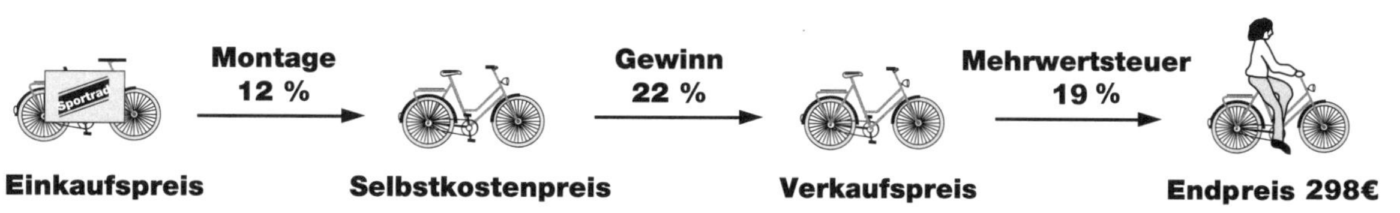

Die Grafik zeigt, wie sich der Endpreis eines Fahrrades zusammensetzt.
Berechne den Einkaufspreis des Händlers.

Antwort: ______________________________

Zinsen für Teile eines Jahres

1. Berechne die Zinsen für Teile eines Jahres. Runde gegebenenfalls.

	a)	b)	c)	d)	e)	f)
Kapital	900 €	6300 €	1780 €	430 €	190 €	340 €
Zinssatz	1,9 %	3,2 %	4,1 %	5,9 %	7,0 %	6,5 %
Jahreszinsen						
Zeit	$\frac{1}{2}$ Jahr	$\frac{1}{4}$ Jahr	1 Monat	3 Monate	5 Monate	8 Monate
Zinsen						

2. Alexander hat sein Konto für den Kauf eines Laptops um 812 € überzogen. Dafür muss er 14,2% Überziehungszins im Jahr bezahlen. Er weiß noch nicht, wann er das Geld zurückzahlen kann. Berechne die Zinsen für die angegebene Zeit.

Zeit	10 Tage	14 Tage	21 Tage	30 Tage	90 Tage	360 Tage
Zinsen (in €)						

3. Berechne die Zinsen. Runde gegebenenfalls.

	a)	b)	c)	d)	e)	f)	g)
Kapital	784 €	970 €	365 €	508 €	379 €	1200 €	4000 €
Zinssatz	3 %	2,5 %	3 %	5 %	3,9 %	4,1 %	3,65 %
Zinsen für 1 Jahr							
Zeit	20 Tage	30 Tage	120 Tage	91 Tage	55 Tage	172 Tage	65 Tage
Zinsen							

4. Frau Maier braucht einen Kredit über 10000 €. Sie erhält folgendes Angebot.
"Bearbeitungsgebühr 200 € – Rückzahlung nach 9 Monaten 10500 €."
Der Vermittler behauptet, der Zinssatz liege unter 7 %.
Prüfe seine Aussage.

Zinsen für mehrere Jahre

1. a) Carolin hat 1800 € auf ihrem Sparbuch. Der Zinssatz beträgt 2 %. Carolin lässt sich an jedem Jahresende die Zinsen auszahlen. Wie viel Euro Zinsen erhält sie in 4 Jahren?

Zinsen für 1 Jahr: ______________________________

Zinsen für 4 Jahre: ______________________________

b) Wie viel Euro Zinsen hätte Carolin nach 4 Jahren bekommen, wenn die Zinsen jedes Jahr mitverzinst worden wären? Dies nennt man Zinseszins.

	Guthaben am Jahresanfang	Zinsen am Jahresende
1. Jahr	1800 €	
2. Jahr		
3. Jahr		
4. Jahr		

Carolin hätte insgesamt ______________ € Zinsen erhalten.

2. Du hast 12 000 € gewonnen. Wie würdest du das Geld für 3 Jahre anlegen? Begründe deine Entscheidung.

Sparvertrag
1,6 % Zinsen werden jährlich ausgezahlt.

Sparbuch
Bei Zinseszins jedes Jahr 1,5 % Zinsen

Sparbrief
1. Jahr: 1,3 %
2. Jahr: 1,5 %
3. Jahr: 2,0 %

____

____

____

3.

Angebot A
2,2 % Zinsen, die jährlich ausgezahlt werden.

Angebot B
2,1 % Zinsen, die jedes Jahr wieder mitverzinst werden.

Berechne die Gesamtzinsen für 13 000 € Anlagekapital für das 1. bis 7. Jahr. Vergleiche.

	1. Jahr	2. Jahr	3. Jahr	4. Jahr	5. Jahr	6. Jahr	7. Jahr
Angebot A							
Angebot B							

Antwort: ______________________________

Raten und Kredite

1. Bestellt man Waren bei einem Versand, kann man oft in Raten bezahlen. In einem Katalog findet Katharina folgendes Beispiel für Teilzahlung in 4 Monatsraten.

Warenwert		Zinsaufschlag		Teilzahlungspreis	
200,00 €	+	5,44 € $\left(\frac{200{,}00 \times 0{,}68 \times 4}{100}\right)$	=	205,44 €	Danach beträgt die monatliche Rate: 205,44 € : 4 = 51,36 €.

Der Versand berechnet folgende Zinsen:

Bei 2, 3, 4, 5, 6 Monatsraten	Bei 8, 10, 12, 15, 18, 24 Monatsraten
0,68 % pro Monat	0,67 % pro Monat

a) Katharina möchte ein Notebook für 1900 € kaufen. Damit sie die Monatsraten besser vergleichen kann, fertigt sie eine Tabelle an. Ergänze. (Angaben in €)

Monatsraten	3	6	10	12	15	18	24
Zinsaufschlag							
Teilzahlungspreis							
monatliche Raten							

b) Durch Ratenzahlung wird der Gesamtpreis höher. Um wie viel Prozent wird das Notebook bei 3 Monatsraten teurer?

____

2. Frau Eigen hat für den Kauf einer Wohnung gespart. Die fehlenden 20000 € leiht sie bei einer Bank zum Zinssatz von 4,25 %. Am Ende jeden Jahres zahlt sie die Zinsen auf die Restschuld und außerdem noch 3000 € an die Bank. So wird die Restschuld kleiner.

a) Stelle einen Zahlungsplan über einen Zeitraum von 5 Jahren auf.

Jahr	Restschuld	Jahreszinsen	Rückzahlung	Jahresendzahlung
1	20000 €	850 €	3000 €	
2	17000 €			
3				
4				
5				

b) Wie viel Geld hat Frau Eigen nach 5 Jahren an die Bank gezahlt?

Antwort: ______________________________

c) Wie viel Euro schuldet sie der Bank nach 5 Jahren?

Antwort: ______________________________

3. Terme und Gleichungen mit Klammern

Ausmultiplizieren – Ausklammern

1. Vereinfache.

a) $8 \cdot (5 + a)$ = ____________

b) $7 \cdot (m - 4)$ = ____________

c) $(2a + 3a) \cdot 3$ = ____________

d) $8 \cdot (4x - x)$ = ____________

e) $a \cdot (4 + 5z)$ = ____________

f) $-14 \cdot (2 + 3a)$ = ____________

g) $4z \cdot (7c - 2)$ = ____________

h) $2ab \cdot (4a - 3b)$ = ____________

i) $-7x \cdot (2y + 5)$ = ____________

j) $5x^2 \cdot (6 + x)$ = ____________

k) $5m \cdot (3 - 2m)$ = ____________

l) $(-4y + 7) \cdot 6z$ = ____________

2. Vereinfache soweit wie möglich.

a) $(15x + 5) : 5$ = ____________

b) $(14m - 6) : 2$ = ____________

c) $(20a - 4a) : 4$ = ____________

d) $(12z - 3z) : 5$ = ____________

e) $(45a - 20b) : 5$ = ____________

f) $(-21 + 49p) : 7$ = ____________

g) $\left(\frac{7}{8}u - \frac{3}{4}r\right) : \frac{1}{4}$ = ____________

h) $(2{,}4e - 3{,}6f) : (-3)$ = ____________

3. Multipliziere aus und fasse zusammen.

a) $4\,(3a - 2b) + 5\,(2a + 4b)$ = ____________

b) $9\,(3x + 5y) + 3\,(-2x + 3y)$ = ____________

c) $7\,(-2x + 3y) - 2\,(4x - 3y)$ = ____________

d) $6\,(-3r - 2s) - 3\,(-2r - 7s)$ = ____________

e) $-5\,(-3m + 2n) - 4\,(5m - 3n)$ = ____________

4. Klammere den angegebenen Faktor aus.

a) $6x + 30y$ = ____________ Faktor: 6

b) $5y + 25xy - 15xy^2$ = ____________ Faktor: 5y

c) $-21a^2b + 14ab - 35ab^2$ = ____________ Faktor: 7ab

d) $-\frac{1}{8}uv^2 + \frac{1}{2}uv - 8v^2$ = ____________ Faktor: $\frac{1}{2}v$

5. Klammere einen gemeinsamen Faktor aus.

a) $6a + 6b$ = ____________

b) $15ab - 15bc$ = ____________

c) $0{,}6x - 1{,}8y$ = ____________

d) $24uv - 96v$ = ____________

e) $-1{,}5a + 4{,}5a^2$ = ____________

f) $18st + 36s - 48rst$ = ____________

g) $4a - 16ab - 32b$ = ____________

h) $-9x - 36xy - 81xy^2$ = ____________

i) $\frac{7}{8}uv - \frac{5}{8}vw - \frac{1}{8}v^2$ = ____________

j) $5a^2b^2 - 15a^3b^2 + 25ab^2$ = ____________

6. Löse die Klammern auf. Fasse – falls möglich – zusammen.

a) $24a + (-3b - 2z)$ = ____________________
= ____________________

b) $13r - (-5s - 7f)$ = ____________________ = ________________

c) $12z - (7a - 10z)$ = ____________________ = ________________

d) $-10a + (4a - 5b)$ = ____________________ = ________________

7. Löse die Klammern auf. Fasse zusammen.

a) $(2x + 5y) + (5x + 2y)$ = ____________________ = ________________

b) $-(a + 4b) + (-7a - 2b)$ = ____________________ = ________________

c) $(-2r + 8m) - (-5r + 2m)$ = ____________________ = ________________

d) $-(5f + 3) - (2 - 8f)$ = ____________________ = ________________

Gleichungen mit Klammern

1. Löse die Gleichung. Überprüfe die Lösung. Nutze dein Heft.

a) $18 - (16 - x) = 1$ |
__________ = __________ |
__________ = __________ |
__________ = __________ |
__________ = __________

b) $18 + (15x - 10) = (14x + 2)$ |
__________ = __________ |
__________ = __________ |
__________ = __________ |
__________ = __________

c) $-(72x - 27) + (35x - 30) = -(-16 + 18x)$ |
____________________ = ____________________ |
____________________ = ____________________ |
____________________ = ____________________ |
____________________ = ____________________ |
____________________ = ____________________

d) $(13x - 1) - (-14x - 2) - (12x - 3) = (8x - 1) + (6x + 8)$ |
____________________ = ____________________ |
____________________ = ____________________ |
____________________ = ____________________ |
____________________ = ____________________

2. Löse die Gleichung. Löse vorher die Klammern auf. Überprüfe die Lösung.

a) $4(3x + 6) = 36$

_____ = _____ |

_____ = _____ |

_____ = _____

Probe:

b) $9(8a - 3) = 45$

_____ = _____ |

_____ = _____ |

_____ = _____

Probe:

c) $3(x + 4) = 2(4 + x)$

_____ = _____ |

_____ = _____ |

_____ = _____

Probe:

d) $3(4y - 10) = 4(2y - 7)$

_____ = _____ |

_____ = _____ |

_____ = _____

Probe:

e) $10(1{,}5x + 2{,}4) = 2(13 + 5{,}5x)$ |

_____ = _____ |

_____ = _____ |

_____ = _____

Probe:

3. Löse die Gleichung in deinem Heft. Trage das Ergebnis hier ein. Mache die Probe.

a) $4(10x + 29) = 2(5x - 2)$

x = _____

b) $5(3z - 4) + 2z = 2(20 + z)$

z = _____

c) $12 + 3(17x - 1) = 2(3x - 18)$

x = _____

d) $9(2 + x) = 7(x + 15)$

x = _____

Umstellen von Formeln

1. Ermittle für ein gleichschenkliges Dreieck die Größe des Basiswinkels α, wenn gilt:

a) $\gamma = 54°$ Die Summe der Innenwinkel beträgt ______________________.

Für ein gleichschenkliges Dreieck gilt ______________________.

Formel zur Berechnung eines Basiswinkels ______________________.

$\alpha =$ ______

b) $\gamma = 101°$ $\alpha =$ ______

2. Ermittle für ein Dreieck die Länge der Höhe h, wenn gilt:

a) $A = 12{,}5\ cm^2$ und $g = 5\ cm$ **b)** $A = 52\ m^2$ und $g = 8\ m$

______________________ ______________________

______________________ ______________________

______________________ ______________________

3. Von einem Rechteck sind sein Umfang u und die Länge einer Seite bekannt. Stelle die Formel für den Umfang so um, dass du die Länge der zweiten Seite bestimmen kannst. Berechne dann deren Länge und den Flächeninhalt des Rechtecks.

a) u = 38 cm; a = 6 cm **b)** u = 102 cm; b = 25 cm

b = ______________ a = ______________

b = ______________ a = ______________

A = ______________ A = ______________

A = ______________ A = ______________

4. Stelle die Formeln nach der in Klammer angegebenen Größe um.

a) $R = \frac{U}{I}$ (U) **b)** $A = a \cdot b$ (a) **c)** $180° = \alpha + \beta + \gamma$ (γ) **d)** $\varrho = \frac{m}{V}$ (V)

__________ __________ __________ __________

__________ __________ __________ __________

5. Stelle die Formeln nach jeder vorkommenden Variablen um.

(1) $v = g \cdot t$ (2) $E_{pot} = m \cdot g \cdot h$ (3) $u = 2 \cdot (a + b)$ (4) $y = 2 \cdot a - c$

g = ________ g = ________ a = ________ a = ________

t = ________ m = ________ b = ________ c = ________

h = ________

Multiplizieren von Summen und Differenzen – Binomische Formeln

1. Multipliziere.

a) $(a + 15)(b + 12) =$ ______

$(a - 13)(b - 11) =$ ______

$(6a - b)(10c + d) =$ ______

b) $(1{,}5a + 2{,}5b)(5c + 2d) =$ ______

$(0{,}7a + 3b)(7c - 0{,}3d) =$ ______

$(6a - 7b)\left(\frac{1}{2}c - 3d\right) =$ ______

2. Multipliziere und fasse zusammen.

$(4 - x)(x + 13) =$ ______

$(3x + 5y)(2y - 4x) =$ ______

$(12 + x)(x + 12) =$ ______

$(4a - 13b)(4a + 13b) =$ ______

$(8f + 4b)(8f + 4b) =$ ______

3. Löse die Klammern auf.

a) $(k + 7)^2 =$ ______

$\left(m + \frac{1}{2}\right)^2 =$ ______

b) $(a - 8)^2 =$ ______

$\left(s - \frac{1}{4}\right)^2 =$ ______

4. a) $(2x + 3)^2 =$ ______

$(4 + 5y)^2 =$ ______

$(6 + 7z)^2 =$ ______

b) $(15 - 25k)(25k + 15) =$ ______

$(10 - 3y)(10 + 3y) =$ ______

$(7 + 11a)(11a - 7) =$ ______

5. a) $(0{,}7 + a)^2 =$ ______

$(0{,}3z + t)^2 =$ ______

$\left(x - \frac{p}{2}\right)^2 =$ ______

b) $\left(\frac{x}{4} + \frac{y}{6}\right)^2 =$ ______

$\left(\frac{r}{5} - \frac{s}{7}\right)^2 =$ ______

$(2t + 4r)^2 =$ ______

6. Forme den Term, falls es möglich ist, in ein Produkt um.

a) $x^2 + 2x + 1 =$ ______

$y^2 - 4y + 4 =$ ______

$z^2 - 100 =$ ______

$a^2 - a + \frac{1}{4} =$ ______

b) $36 - 12a + a^2 =$ ______

$400 - h^2 =$ ______

$a^2 + 2ab + b^2 =$ ______

$9 + 12a + 4a^2 =$ ______

Gleichungen mit Klammern

Löse die Gleichung durch Umformen. Mache – wenn gefordert – eine Probe.

a) $(x + 5)(x - 4) = x^2 - 15$

____ = ____

____ = ____

____ = ____

____ = ____

Probe: lS: ____ rS: ____

____ = ____

____ = ____

b) $52 - x^2 = (8 - x)(x + 7)$

____ = ____

____ = ____

____ = ____

____ = ____

Probe: lS: ____ rS: ____

____ = ____

____ = ____

c) $(x + 6)(x + 2) = x^2 - 7x + 15$

____ = ____

____ = ____

____ = ____

____ = ____

Probe: ____ ____

____ = ____

____ = ____

d) $(x - 4)(x - 7) = -10x + 30 + x^2$

____ = ____

____ = ____

____ = ____

____ = ____

e) $4x + x^2 = (x - 1)(x + 6)$

____ = ____

____ = ____

____ = ____

____ = ____

____ = ____

____ = ____

____ = ____

f) $(x + 3)(x + 5) = (x + 1)(x + 6) + 8$

____ = ____

____ = ____

____ = ____

____ = ____

____ = ____

____ = ____

____ = ____

g) $(x + 2)^2 = (x - 4)^2$

____ = ____

____ = ____

____ = ____

____ = ____

____ = ____

____ = ____

____ = ____

h) $(x - 3)^2 = x^2 - 3(x + 1)$

____ = ____

____ = ____

____ = ____

____ = ____

Anwendungsaufgaben

1. Schreibe zu jedem Zahlenrätsel die Gleichung auf und bestimme die Lösung.

a) Wenn ich zu einer Zahl 3 addiere und das Ergebnis verdreifache, so erhalte ich 45.

gesucht Zahl: ______________________

3 addiert: ______________________

Ergebnis verdreifacht: ______________________

Gleichung: ______________________

____

____

Antwort: ______________________

b) Wenn ich von einer Zahl 2 subtrahiere und dann durch 4 teile, so erhalte ich 3.

____

____

____

____

____

____

Antwort: ______________________

2. a) Das Produkt aus einer um 2 vergrößerten Zahl und 4 ist genauso groß wie das Produkt aus der um 1 verminderten Zahl und 3.

____

____

______________________ *Antwort:* ______________________

b) Die Summe aus dem Quadrat einer Zahl und 2 ist genauso groß wie das Quadrat der um 1 verkleinerten Zahl.

____

____

______________________ *Antwort:* ______________________

3. Ein Rechteck ist doppelt so lang wie breit. Wenn man die Breite um 1 cm vergrößert, wächst der Flächeninhalt um 10 cm^2. Welche Maße hat das Ausgangsrechteck?

Gib zunächst Länge und Breite an den Skizzen mithilfe einer Variablen an.

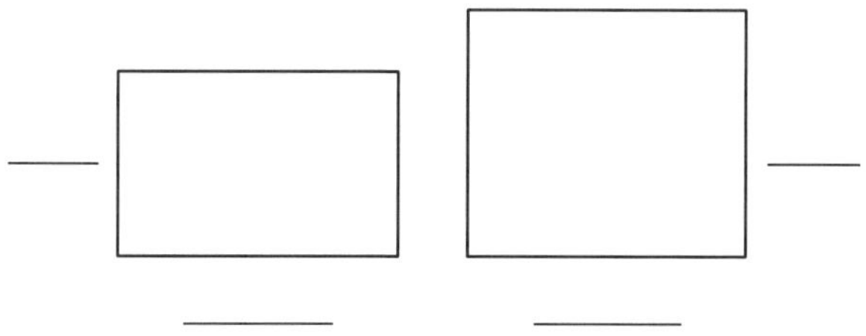

Gleichung:

____

____

____

Antwort: ______________________

4. Kreis und Dreieck

Kreis und Gerade – Kreistangente

1. Setze ein: *Durchmesser, Radius, Sehne, Tangente* oder *Sekante.*

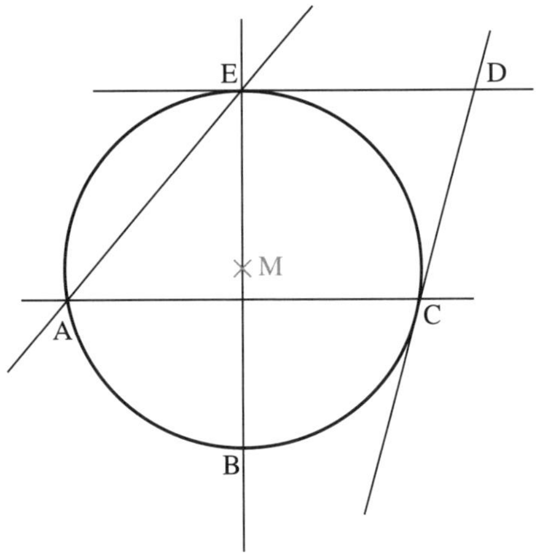

Die Strecke $\overline{EB}$ ist ____________________

Die Strecke $\overline{ME}$ ist ____________________

Die Gerade DE ist ____________________

Die Strecke $\overline{AC}$ ist ____________________

Die Gerade DC ist ____________________

Die Gerade AE ist ____________________

2. a) Zeichne Tangenten an den Kreis in den Punkten A, B, C und D.

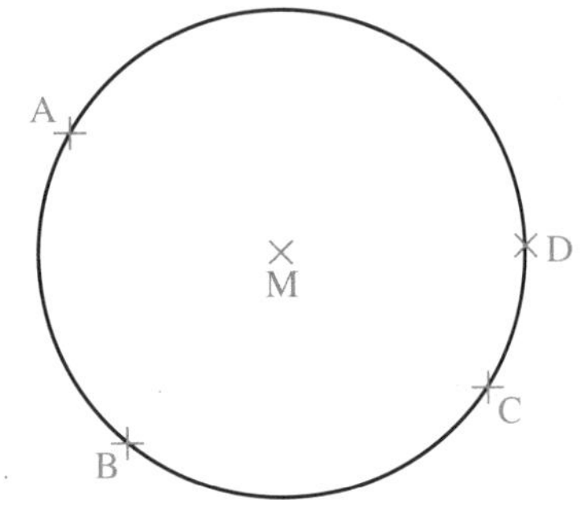

b) Zeichne Tangenten so an den Kreis, dass er von einem Quadrat eingeschlossen wird.

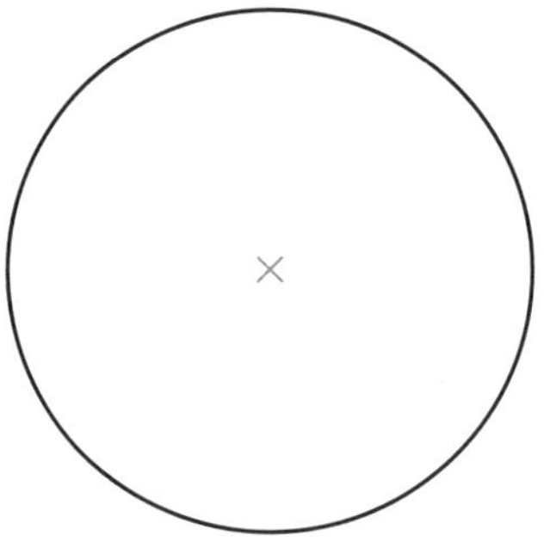

3. Zeichne um M einen Kreis mit dem Radius r. Trage in den Kreis einen Durchmesser $\overline{AB}$, eine Sehne $\overline{AC}$ und eine Sehne $\overline{BC}$ ein. Welche Länge hat die Sehne $\overline{BC}$?

a) r = 3 cm, |AC| = 3 cm

M

Antwort: |BC| = ____________

b) r = 2,5 cm, |AC| = 4 cm

M

Antwort: |BC| = ____________

Satz des Thales

1. Konstruiere von P aus die Tangenten an den Kreis.

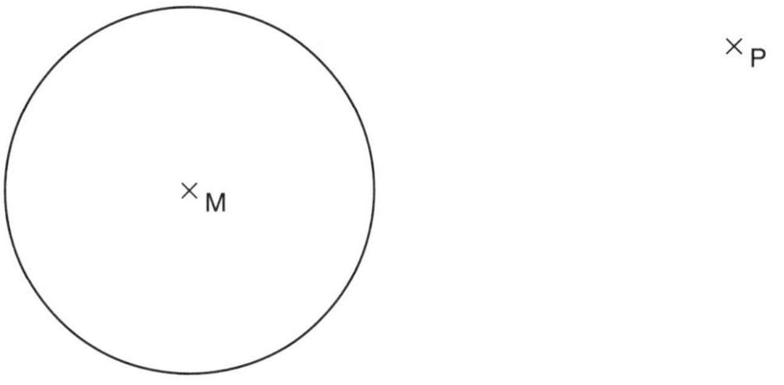

2. Konstruiere ein rechtwinkliges Dreieck ABC aus den angegebenen Stücken.
Finde verschiedene Lösungswege.

a) $c = 4{,}2$ cm $\beta = 58°$ $\gamma = 90°$

Planfigur: *Konstruktion:*

b) $a = 4{,}8$ cm $\beta = 35°$ $\alpha = 90°$

Planfigur: *Konstruktion:*

3. Konstruiere ein rechtwinkliges Dreieck ABC mit $c = 7{,}8$ cm, $h_c = 3{,}2$ cm und $\gamma = 90°$.
Was fällt dir auf?

Planfigur: *Konstruktion:*

Umkreis

1. Zeichne das Dreieck ABC in das Koordinatensystem und konstruiere seinen Umkreis. Gib näherungsweise die Koordinaten des Umkreismittelpunktes und den Radius an.

A (0|3) B (9|4) C (5|8) M (___|___) r = __________

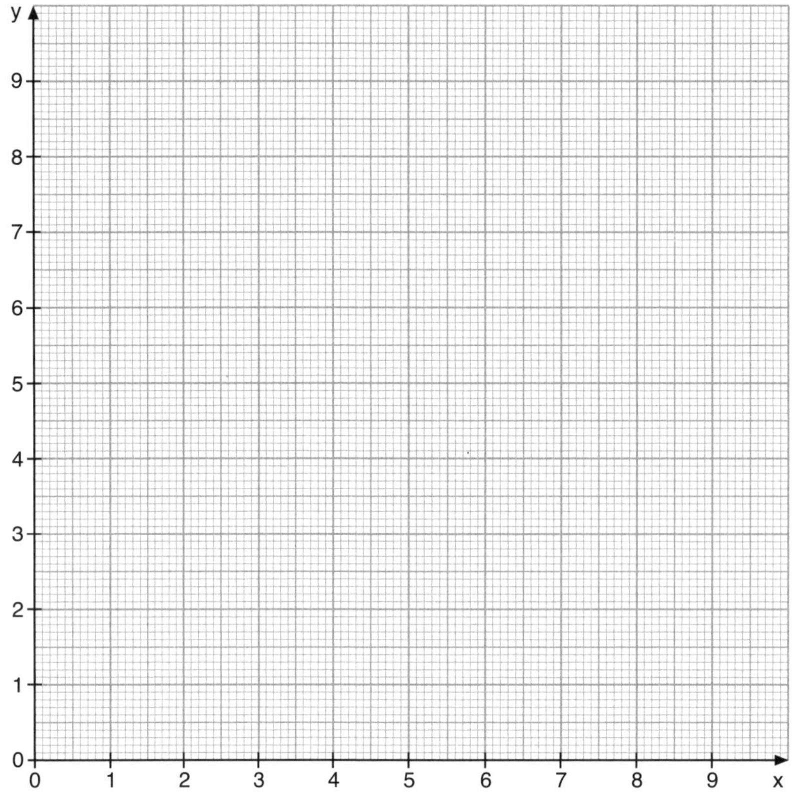

2. Es soll eine Kläranlage gebaut werden, die von den drei Orten Amstadt, Belhausen und Cedorf gleich weit entfernt ist.

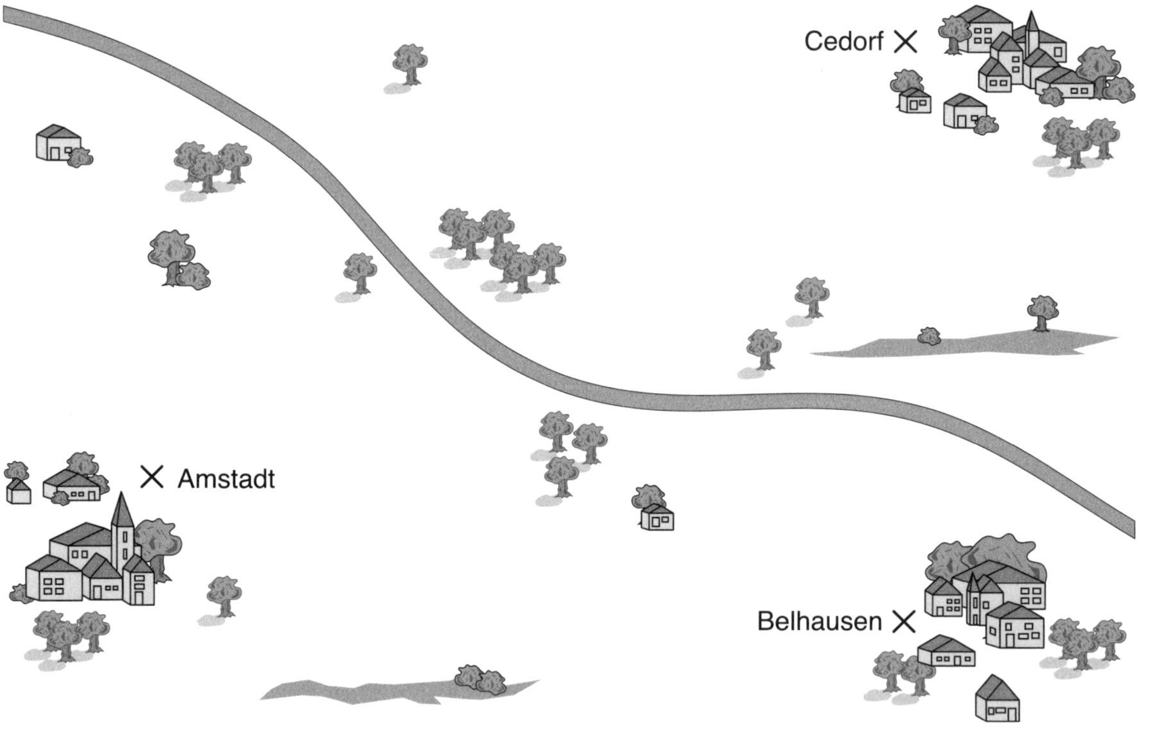

Inkreis

1. Zeichne das Dreieck ABC in das Koordinatensystem und konstruiere seinen Inkreis. Gib näherungsweise die Koordinaten des Inkreismittelpunktes und den Radius an.

A (3 | 1)   B (8 | 9)   C (0 | 8)   M (___ | ___)   r = __________

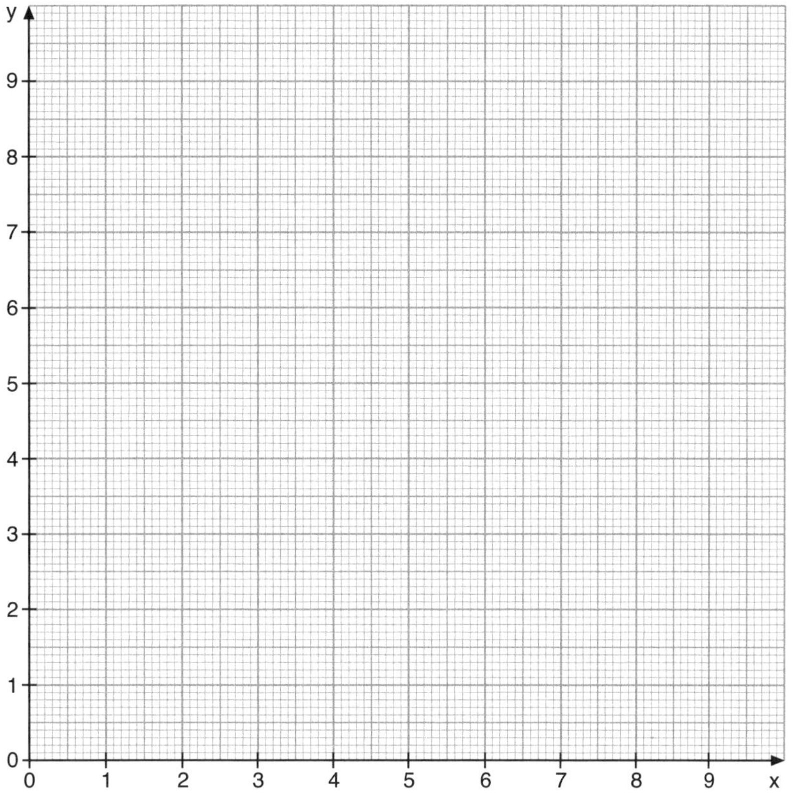

2. Bei der Anlage eines Parkes entstand eine dreieckige Fläche durch drei sich schneidende Wege. Der Planer hatte den Vorschlag, einen möglichst großen kreisförmigen Brunnen darauf anzulegen. Versuche einen Kreis zu zeichnen, der jeden Weg in einem Punkt berührt.

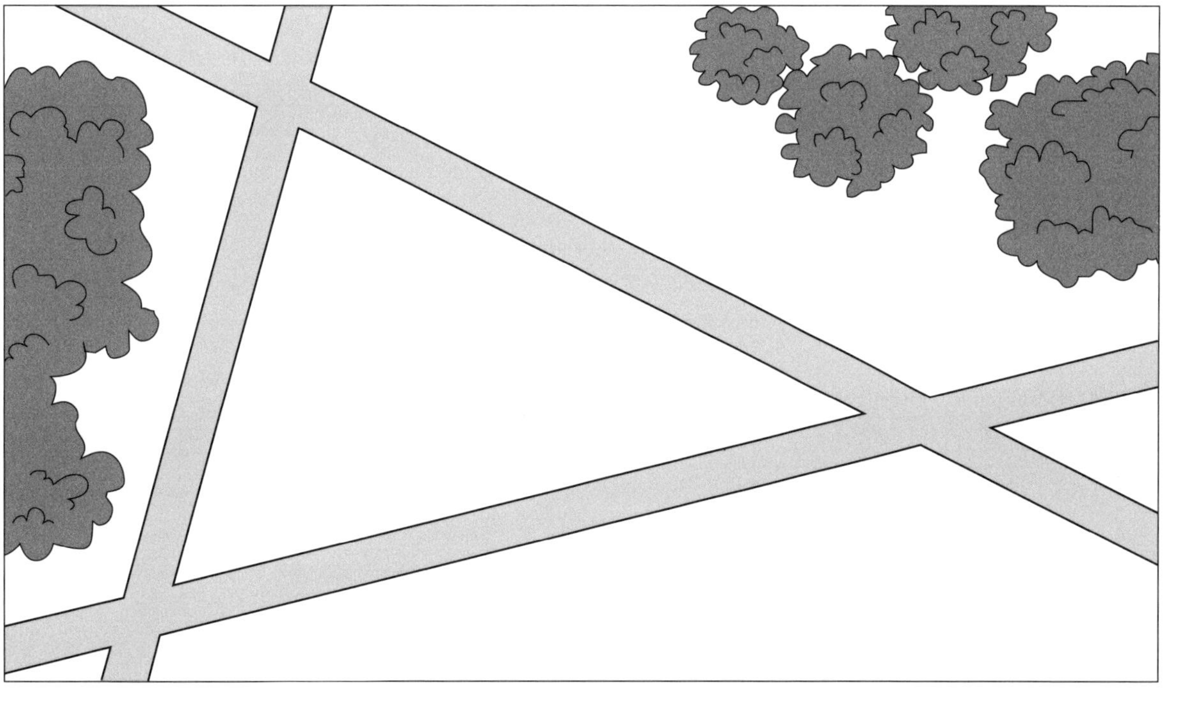

5. Vierecke

Vierecksarten und ihre Eigenschaften

1.

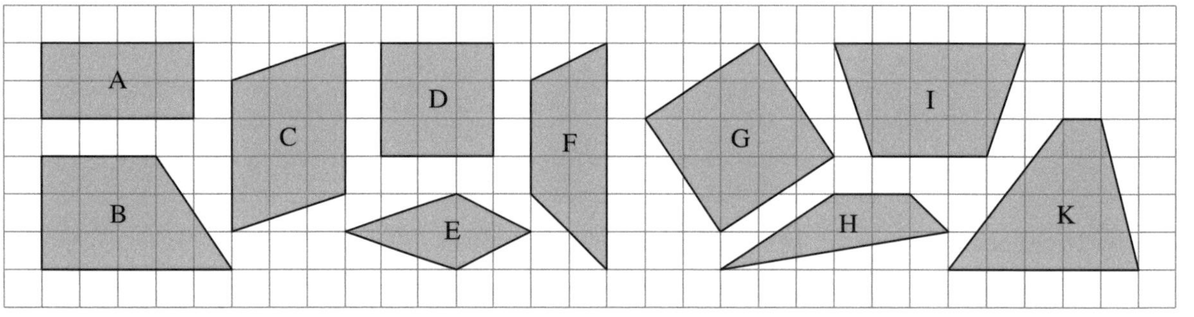

a) Welche Vierecke sind achsensymmetrisch? Zeichne die Symmetrieachsen ein.

Achsensymmetrische Vierecke: ________________________________

b) Welche Vierecke sind Quadrate, Rechtecke, Rauten, Trapeze, Drachenvierecke?

Quadrate	Rechtecke	Rauten	Trapeze	Drachenvierecke

c) Welche Eigenschaften gelten jeweils? Kreuze an.

Eigenschaft	Trapez	Parallelogramm	Rechteck	Quadrat	Raute	Drachenviereck
gegenüberliegende Seiten gleich lang						
gegenüberliegende Seiten parallel						
Diagonalen gleich lang						
Diagonalen stehen senkrecht aufeinander						
Diagonalen halbieren einander						
gegenüberliegende Winkel gleich groß						
Summe der Nachbarwinkel 180°						

2. Berechne die Winkel.

a) α = ________

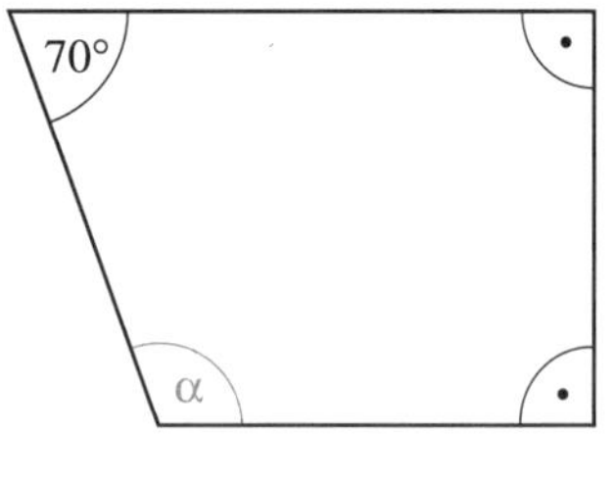

b) β = ________

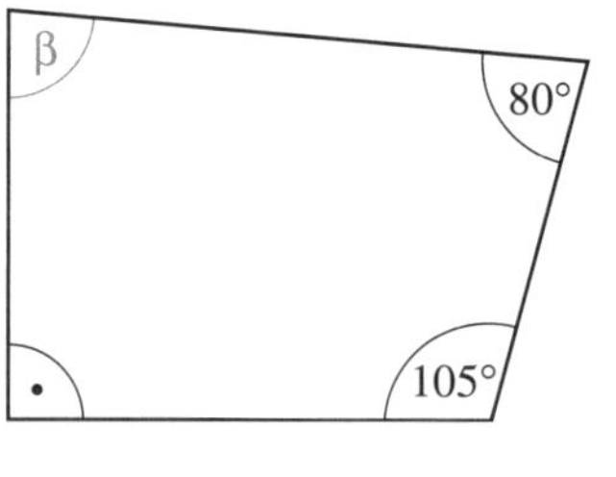

c) γ = ________ δ = ________

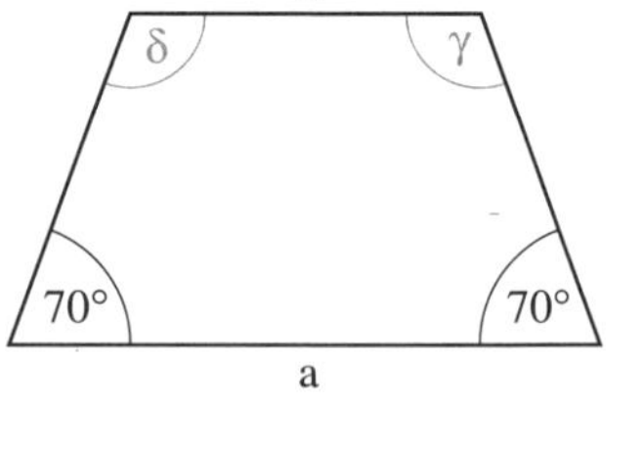

Parallelogramm

1. a) Benenne alle Vierecke. Färbe alle Parallelogramme.

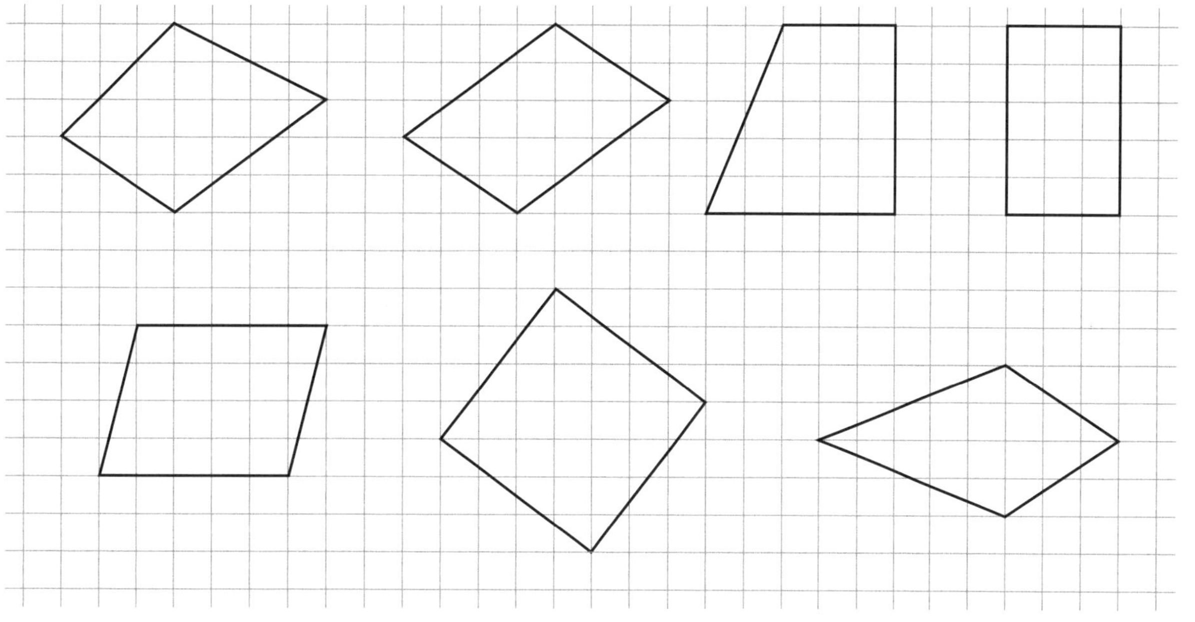

b) Zeichne in alle Vierecke die Diagonalen ein.

c) Welche Eigenschaft besitzen die Diagonalen der Parallelogramme?

Antwort: ____

2. Konstruiere ein Parallelogramm ABCD mit a = 5,6 cm; b = 3,2 cm; β = 112°.
Bestimme die übrigen Winkel.

Planfigur:

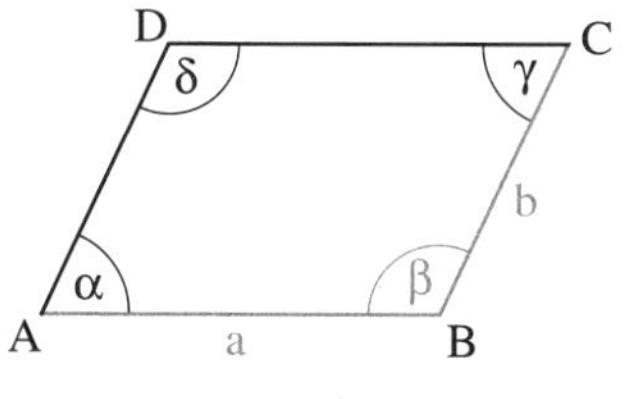

Konstruktion:

α = ______________

β = ______________

γ = ______________

3. Die Winkel α, β, γ, δ sind die Innenwinkel des Parallelogramms ABCD. Ergänze.

α	115°					
β			15°			
γ		97°			45°	90°
δ				168°		

4. Zeichne die Höhen ein und gib ihre Länge an. Färbe jeweils Seite und zugehörige Höhe mit der gleichen Farbe.

a)

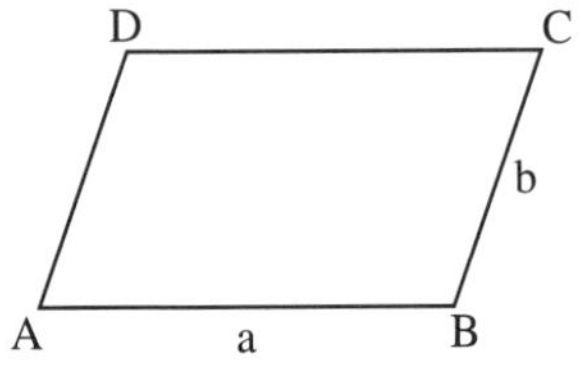

h_a = ________

h_b = ________

b)

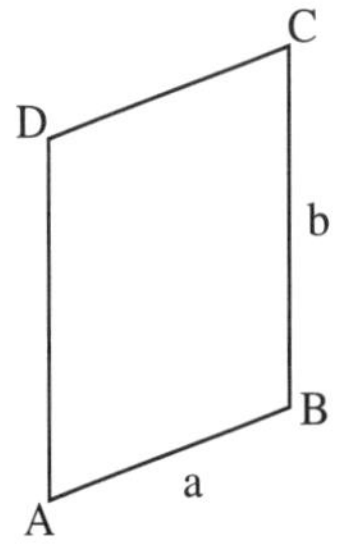

h_a = ________

h_b = ________

c)

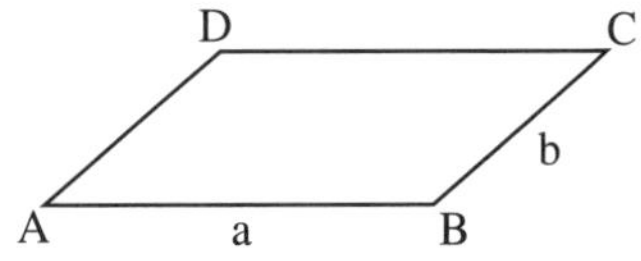

h_a = ________

h_b = ________

5. Bestimme den Flächeninhalt. Miss die benötigten Größen.

a)

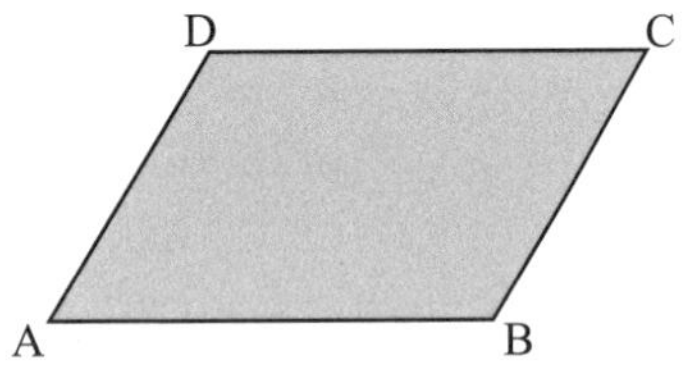

Grundseite: ________

Höhe: ________

A = ________

A = ________

A = ________

b)

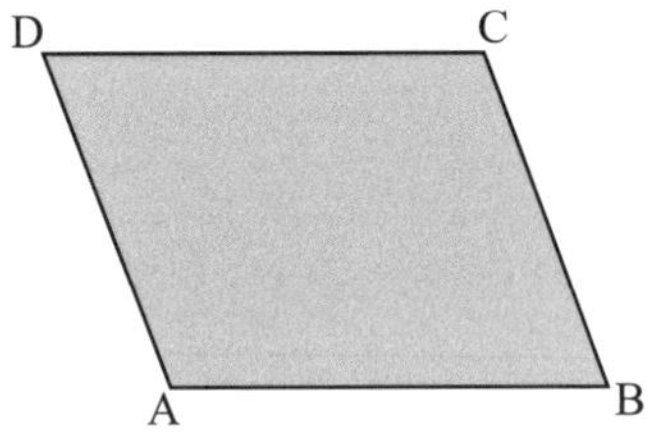

Grundseite: ________

Höhe: ________

A = ________

A = ________

A = ________

c)

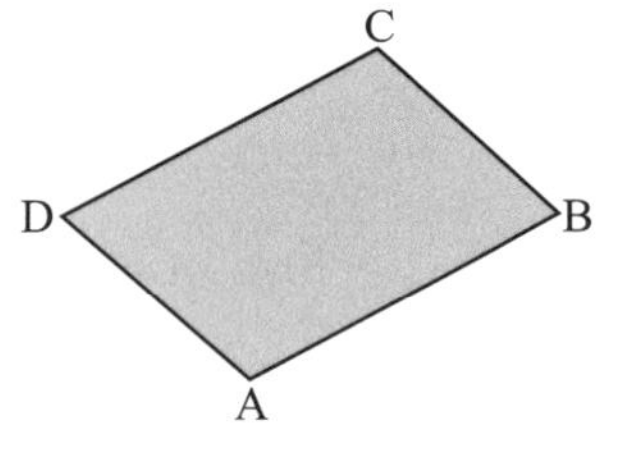

Grundseite: ________

Höhe: ________

A = ________

A = ________

A = ________

6. Konstruiere ein Parallelogramm mit $a = 2{,}8$ cm; $\alpha = 105°$ und $b = 4{,}2$ cm.
Berechne den Umfang und den Flächeninhalt.

Planfigur:

Konstruktion:

u = ________

u = ________

A = ________

A = ________

A = ________

7. Die Wände des Treppenhauses eines Theaters sollen mit Holz verkleidet werden.

a)

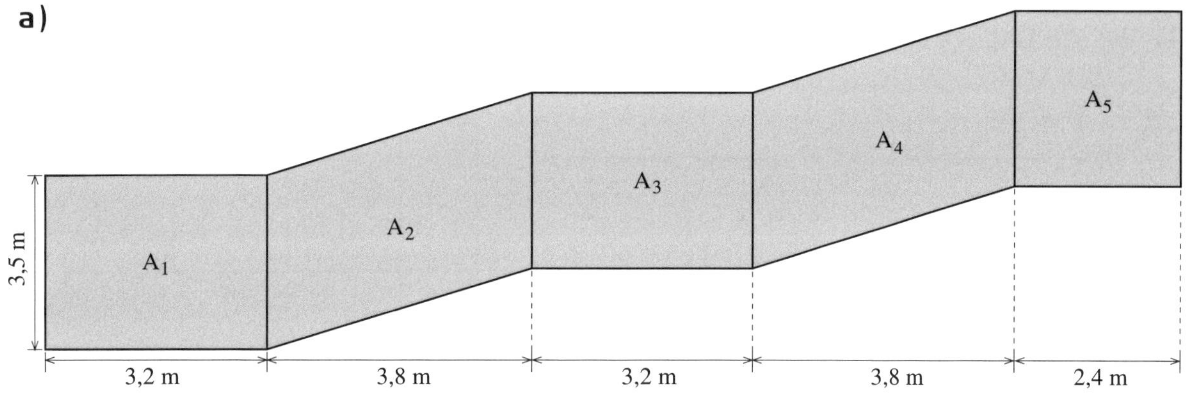

A_1 = ______________________ A_4 = ______________________

A_2 = ______________________ A_5 = ______________________

A_3 = ______________________

$A = A_1 + A_2 + A_3 + A_4 + A_5$ = ______________________

b) Der Quadratmeter Holzverkleidung kostet 63 €. Wie teuer ist die Holzverkleidung?

Rechnung:

Antwort: ______________________

c) Zu den Kosten kommen noch 19 % Mehrwertsteuer. Berechne den Endpreis.

Rechnung:

Antwort: ______________________

8. a) Bestimme den Flächeninhalt des Gartens G. 1 cm in der Zeichnung entspricht 10 m in der Wirklichkeit.

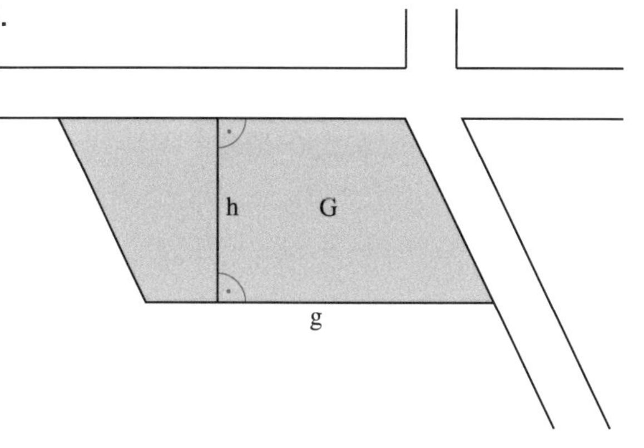

g ist in der Zeichnung __________ cm,

also in Wirklichkeit __________ m lang.

h ist in der Zeichnung __________ cm,

also in Wirklichkeit __________ m lang.

A = ______________________ m^2,

A = ______________________ a.

b) Herr Rosenstolz möchte das Gartengrundstück kaufen. Der Preis pro m^2 beträgt 27 €. Hinzu kommen 5 % Grunderwerbssteuer. Wie viel Euro muss Herr Rosenstolz für den Kauf des Gartengrundstücks einplanen?

Antwort: ______________________

Trapez

1. Welche Trapeze sind achsensymmetrisch? Zeichne die Symmetrieachse farbig ein.

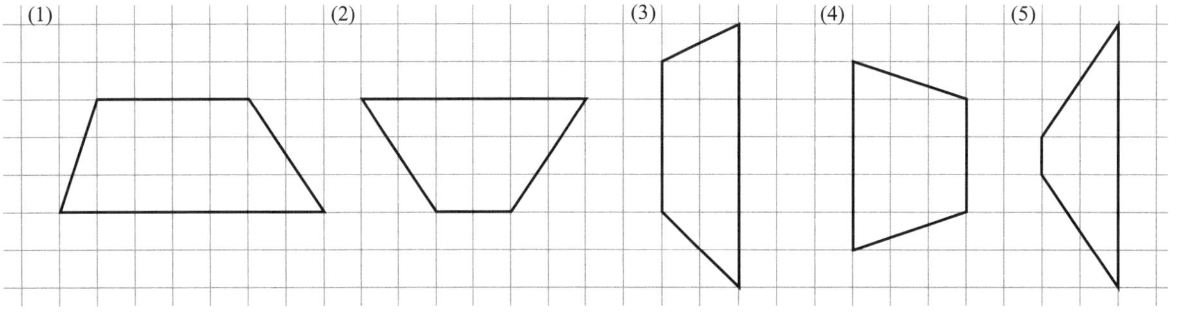

Die Trapeze ______________________ sind achsensymmetrisch.

Man nennt sie auch ______________________.

2. Berechne die übrigen Winkel des Trapezes.

α	68°		102°		36°	47°
β		98°	150°			90°
γ	125°			113°	144°	
δ		73°		121°		

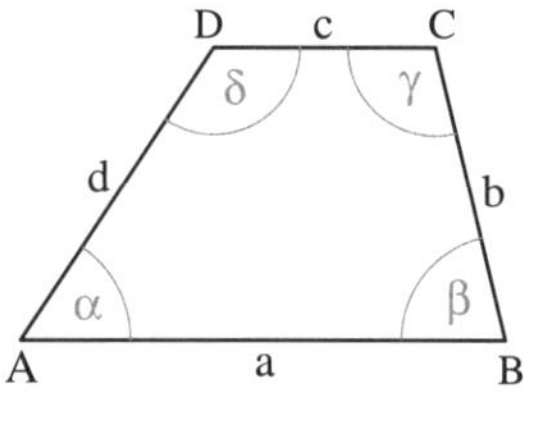

3. Berechne den Flächeninhalt und den Umfang. Miss die benötigten Größen.

a)

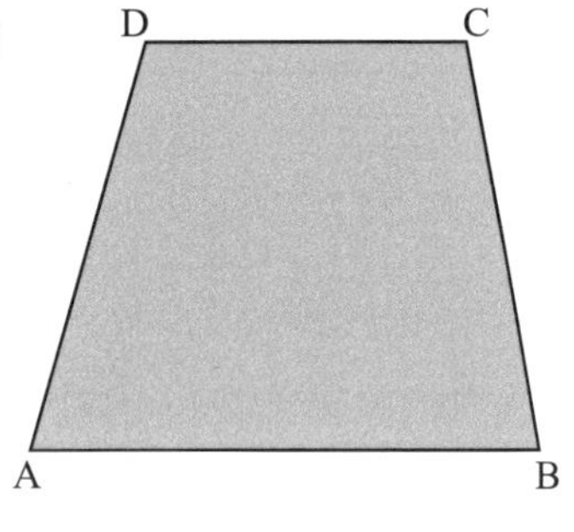

a = ________

b = ________

c = ________

d = ________

h = ________

A = ______________

A = ______________

A = ______________

u = ______________

b)

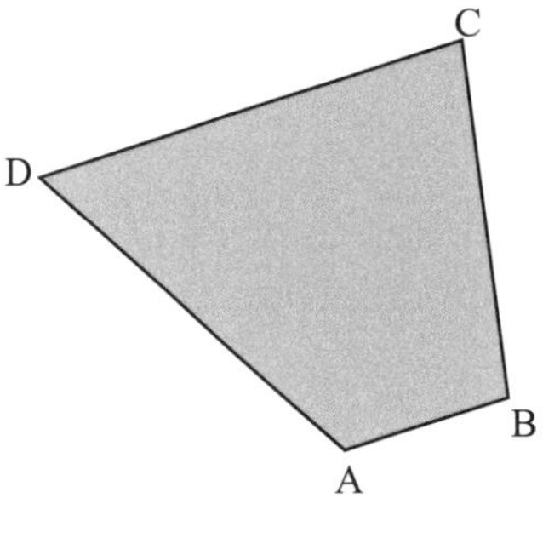

a = ________

b = ________

c = ________

d = ________

h = ________

A = ______________

A = ______________

A = ______________

u = ______________

c)

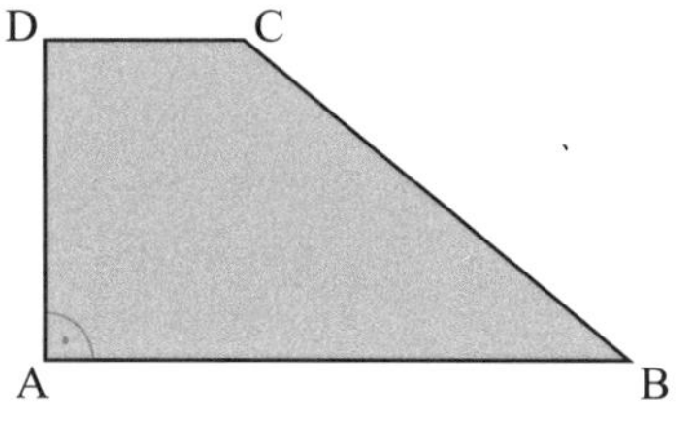

a = ________

b = ________

c = ________

d = ________

h = ________

A = ______________

A = ______________

A = ______________

u = ______________

Drachenviereck

1. Zeichne die Diagonalen ein.

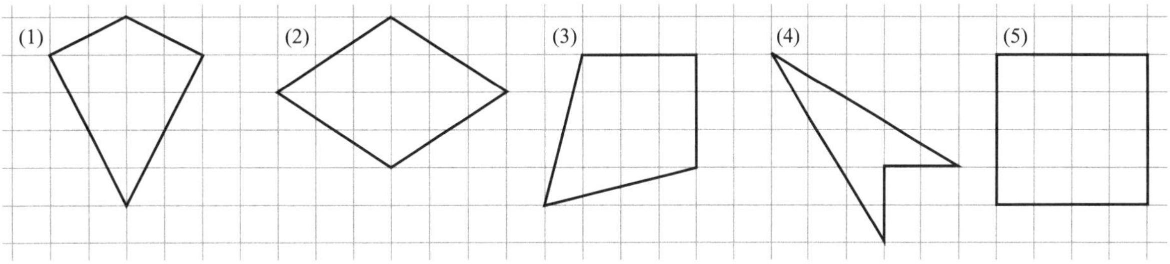

Die Diagonalen sind ______________________ zueinander.

Die eine Diagonale ______________________ die andere.

2. Berechne die übrigen Winkel des Drachenvierecks.

α		101°	122°	40°		60°
β	105°			150°		
γ	30°		38°		89°	200°
δ		98°			65°	

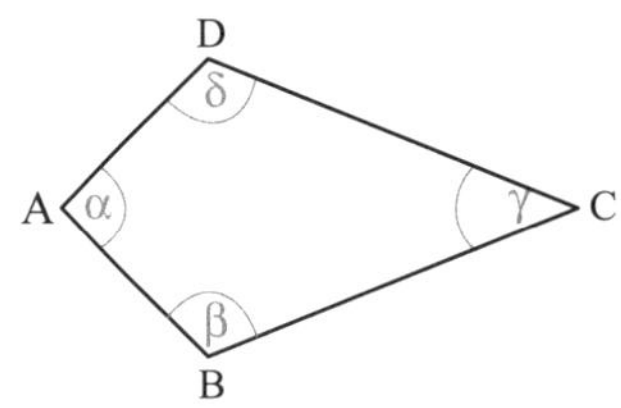

3. Berechne den Flächeninhalt und den Umfang.
Miss die benötigten Größen.

a)

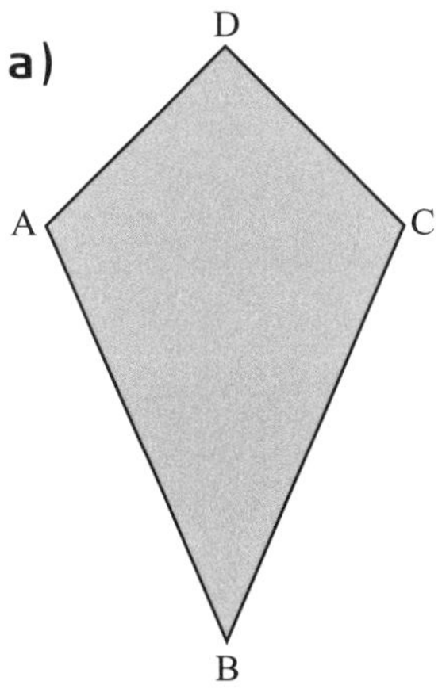

b)

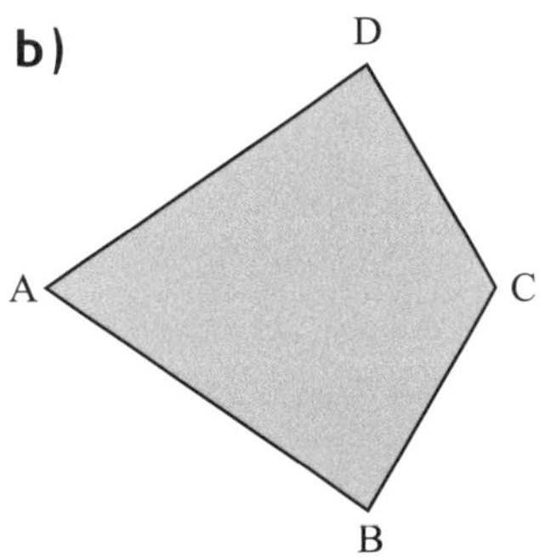

c)

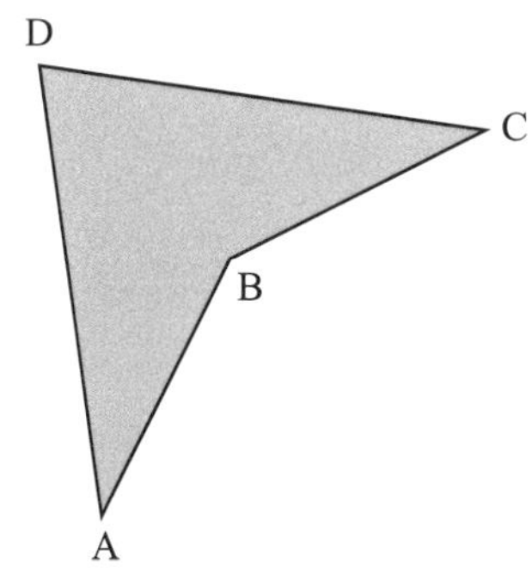

a) a = ______ b = ______
c = ______ d = ______
e = ______ f = ______
A = ______________
A = ______________
u = ______________

b) a = ______ b = ______
c = ______ d = ______
e = ______ f = ______
A = ______________
A = ______________
u = ______________

c) a = ______ b = ______
c = ______ d = ______
e = ______ f = ______
A = ______________
A = ______________
u = ______________

Konstruktion von Trapez und Drachenviereck

1. a) Konstruiere ein Trapez ABCD:

a = 5 cm α = 35° β = 72° b = 2,2 cm

Planfigur: *Konstruktion:*

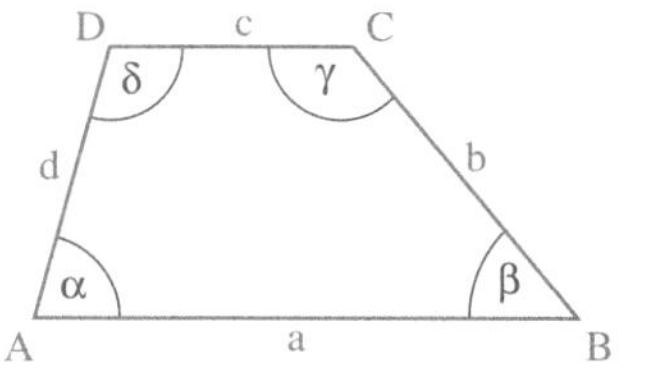

b) Konstruiere ein gleichschenkliges Trapez ABCD mit AB II CD:

c = 3,8 cm d = 3,2 cm γ = 120°

Planfigur: *Konstruktion:*

2. a) Konstruiere ein Drachenviereck ABCD mit AC als Symmetrieachse:

α = 40° d = 3,9 cm c = 2,1 cm

Planfigur: *Konstruktion:*

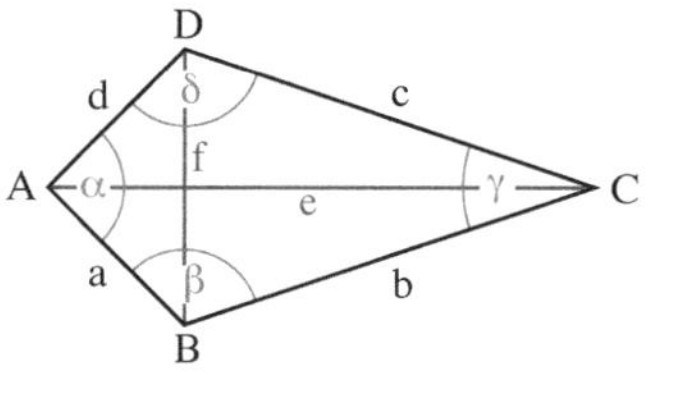

b) Gegeben sind e = 5,7 cm und f = 3,8 cm.
Zeichne zwei nicht zueinander kongruente Drachenvierecke.

Berechnungen an zusammengesetzten Flächen

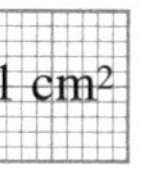

1. Bestimme den Flächeninhalt A der Figur.

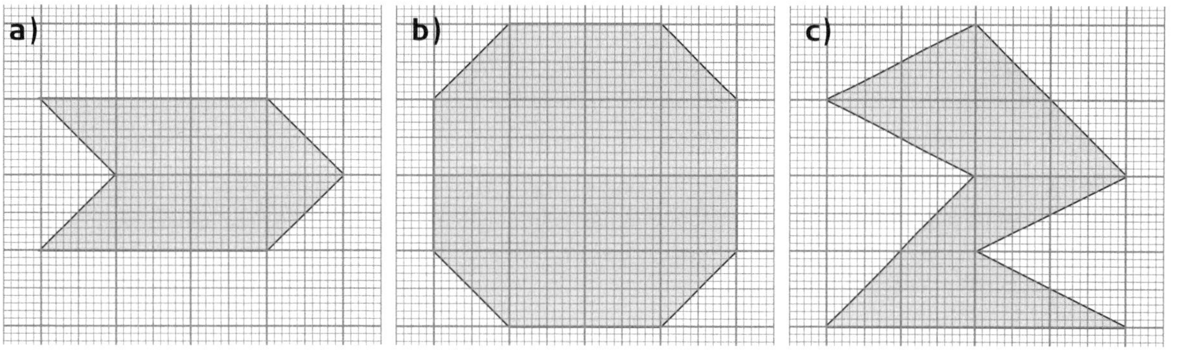

A = ________________ cm^2 A = ________________ cm^2 A = ________________ cm^2

2. Berechne den Flächeninhalt geschickt durch Zerlegen oder Ergänzen.

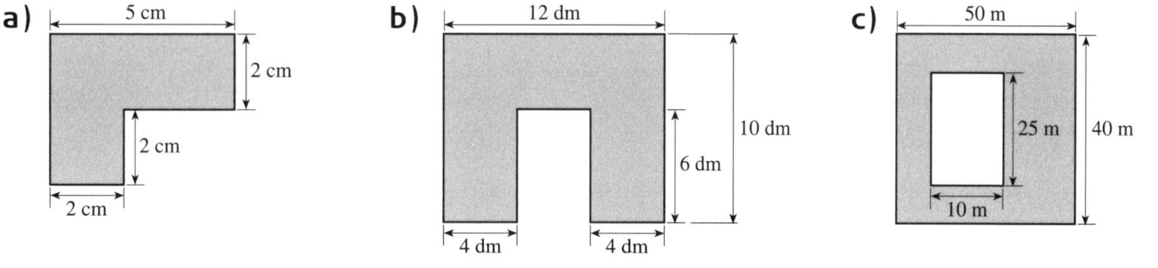

2. Berechne den Flächeninhalt des Vielecks.

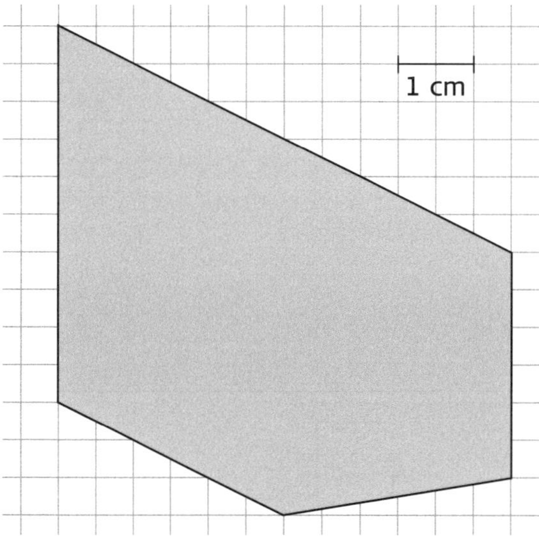

Lösung:

6. Darstellen und Berechnen von Prismen

Schrägbild

1. Entscheide, welche Körper Prismen sind. Begründe.

a)

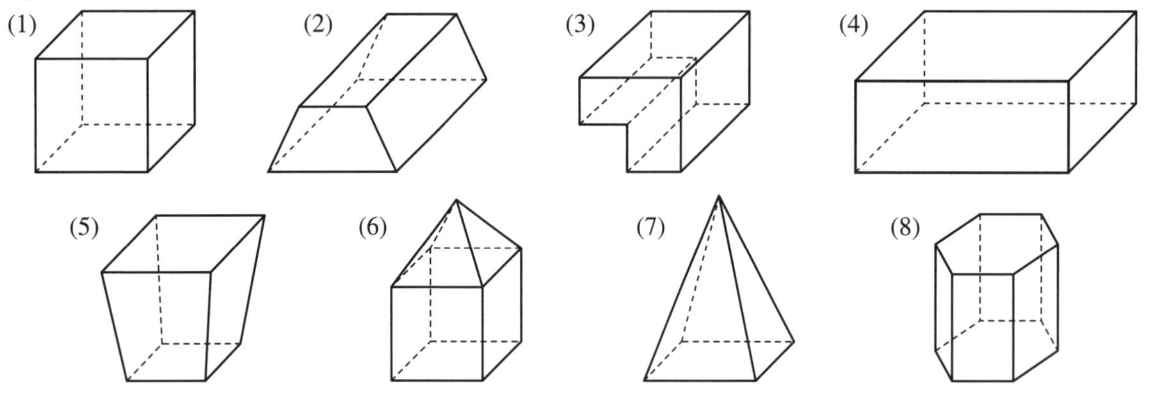

Antwort: ____

____

____

____

b) Färbe in den Prismen die beiden Grundflächen. Zeichne eine Körperhöhe ein.

2. Vervollständige das Schrägbild eines Prismas.

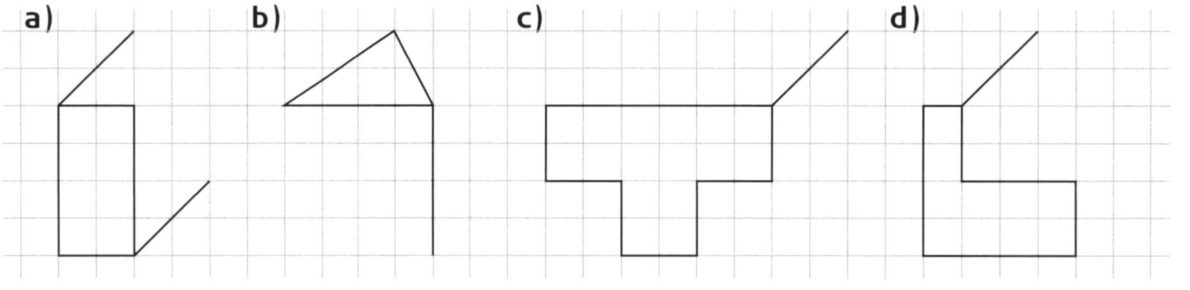

3. Vervollständige das Schrägbild

a) eines vierseitigen Prismas

b) eines T-Trägers.

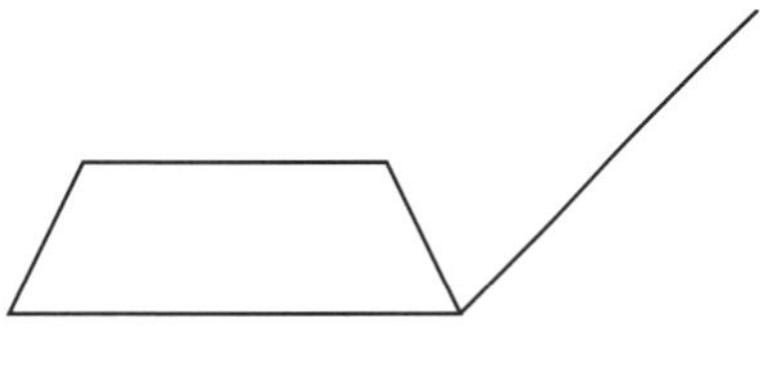

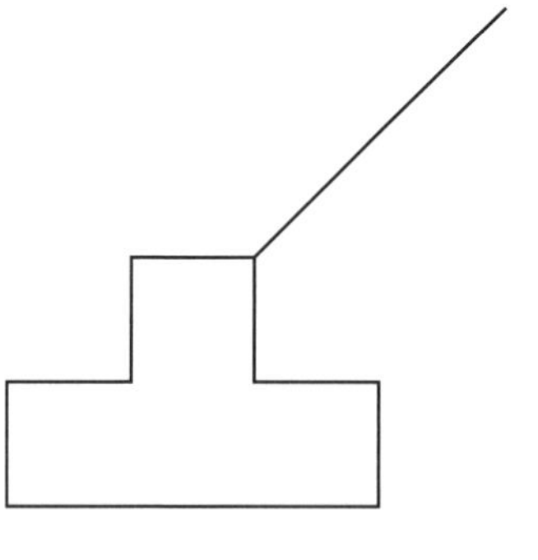

Netz

1.

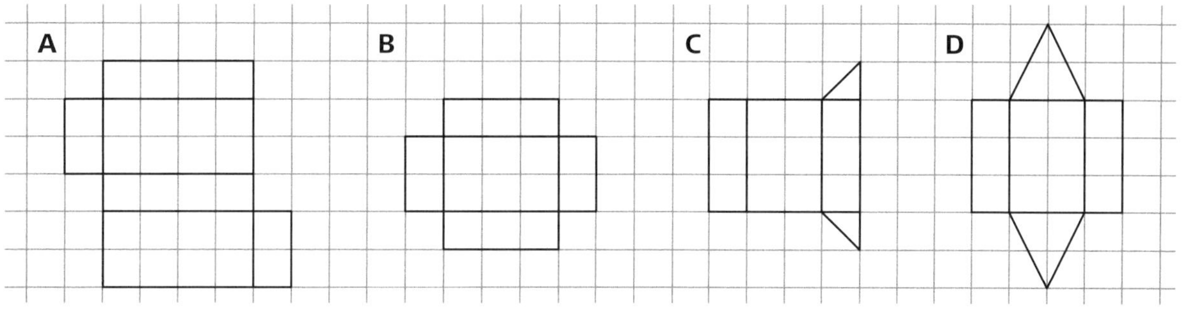

Welche Figur ist kein Prismennetz? Begründe.

____

____

2. Ergänze in dem Netz die fehlenden Flächen. Eine Grundfläche ist grau.

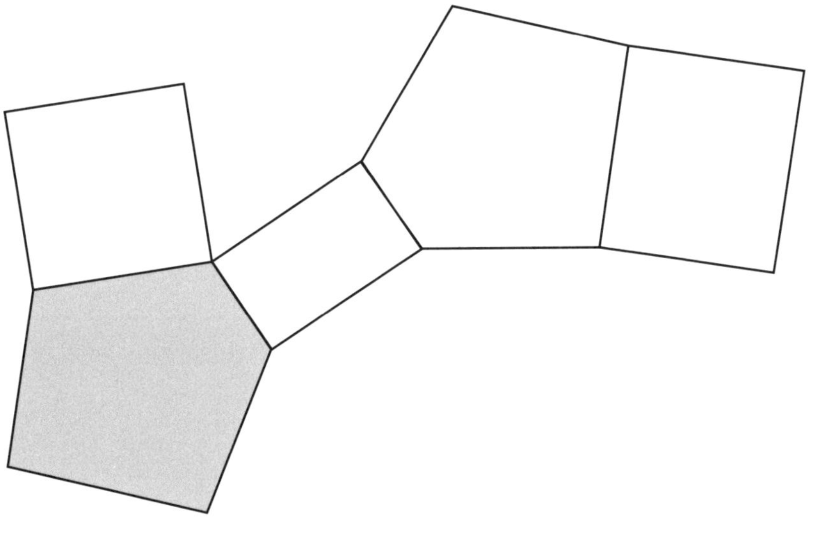

3. Zeichne ein Netz des Prismas.

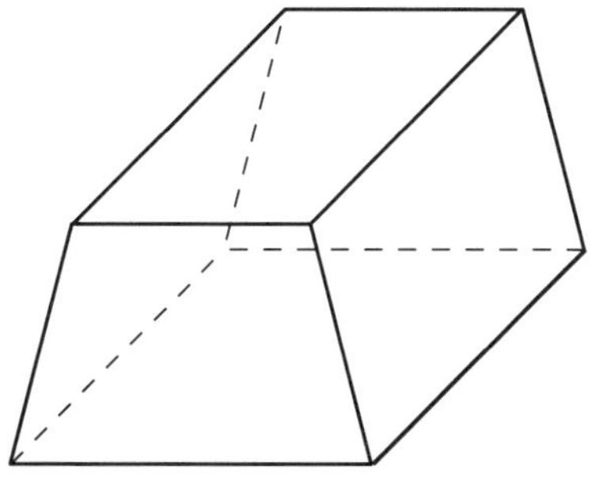

Ansichten

1. Zeichne zwei Ansichten des Prismas. Entnimm die Maße dem Schrägbild. Die Tiefenstrecken sind auf die Hälfte verkürzt.

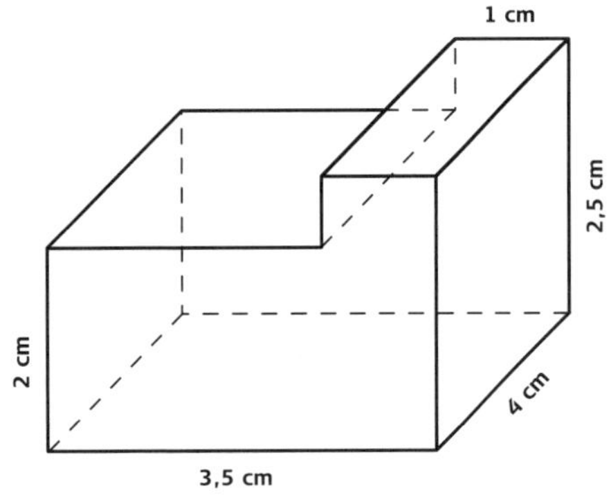

Vorderansicht

Draufsicht

2. Vervollständige das Schrägbild des Prismas. Entnimm die Maße den Ansichten.

Vorderansicht

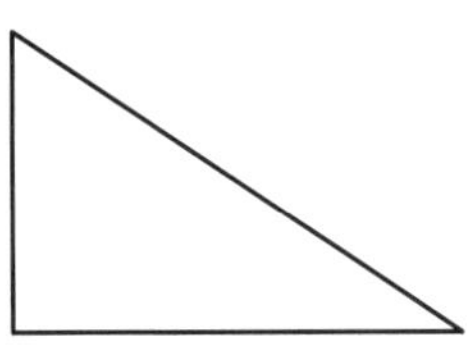

Draufsicht

Flächenmaße

	$\cdot 100$ →		$\cdot 100$ →		$\cdot 100$ →		$\cdot 100$ →		$\cdot 100$ →		$\cdot 100$ →	
km^2		ha		a		m^2		dm^2		cm^2		mm^2
	← $: 100$		← $: 100$		← $: 100$		← $: 100$		← $: 100$		← $: 100$	

1. Wandle um.

a) 89 m^2 = ______ dm^2
735 dm^2 = ______ m^2
95 a = ______ m^2
560 m^2 = ______ a

b) 73 cm^2 = ______ mm^2
841 mm^2 = ______ cm^2
77 ha = ______ a
673 a = ______ ha

c) 94 ha = ______ m^2
392 ha = ______ km^2
23 a = ______ m^2
34 m^2 = ______ dm^2

2. a) 25 m^2 + 1000 dm^2 + 350 m^2 + 600 dm^2
= ______
= ______

b) 0,5 km^2 + 25 ha + 2 km^2 + 17 ha
= ______
= ______

c) 8,35 m^2 + 24,2 dm^2 + 0,4 m^2 + 1000 dm^2
= ______
= ______

d) 4 cm^2 5 mm^2 + 38 mm^2 + 0,05 cm^2 + 55 cm^2
= ______
= ______

Volumenmaße

	$\cdot 1000$ →		$\cdot 1000$ →		$\cdot 1000$ →	
1 m^3		1 dm^3		1 cm^3		1 mm^3
	← $: 1000$		← $: 1000$		← $: 1000$	

1 *l* = 1 dm^3; 1 m*l* = 1 cm^3; 1 *l* = 1000 m*l*; 1 h*l* = 100 *l*

Wandle um.

a) 74 dm^3 = ______ cm^3
903 m^3 = ______ dm^3
131 cm^3 = ______ mm^3
25 *l* = ______ ml

b) 25804 *l* = ______ m^3
4763 dm^3 = ______ m^3
52 *l* = ______ h*l*
37 m^3 = ______ dm^3

Oberflächeninhalt und Volumen

1. Bestimme den Oberflächeninhalt (Maße in cm).

a)

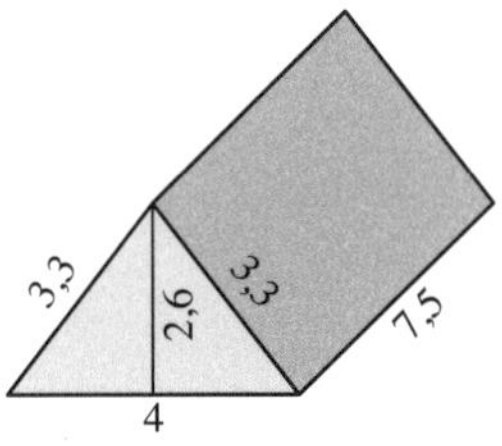

G = ______________________

M = ______________________

O = ______________________

b)

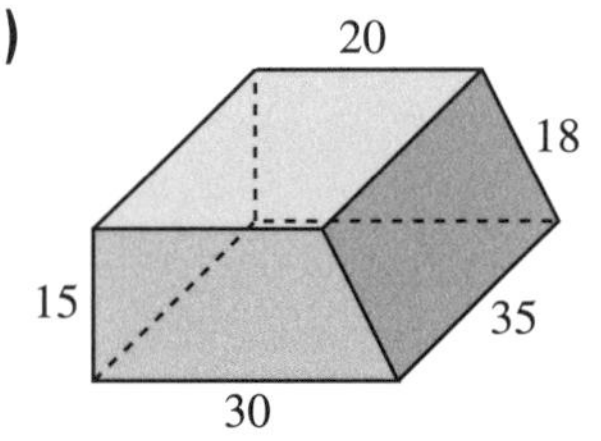

G = ______________________

M = ______________________

O = ______________________

2. Ein Ausschneidebogen „Rummelplatz“ enthält auch das Netz einer Schießbude.
Berechne den Oberflächeninhalt des Pappmodells.

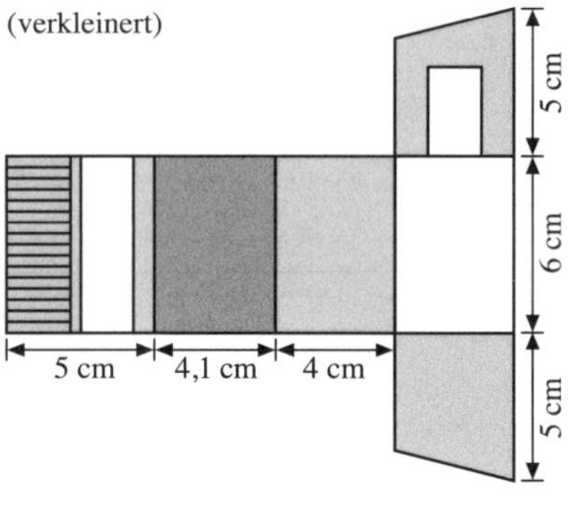

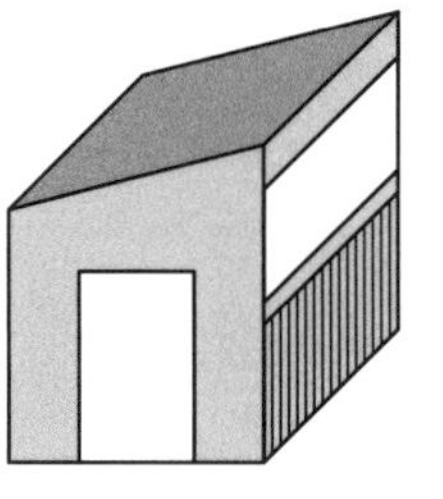

____

____

____

____

____

____

____

____

____

3. Berechne den Oberflächeninhalt und das Volumen (Maße in cm).

a)

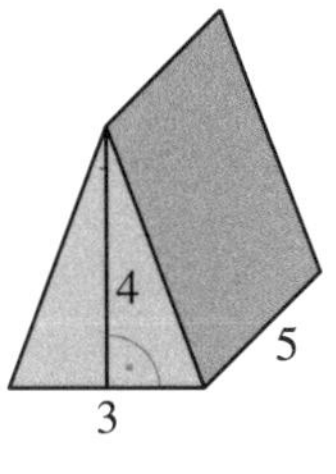

G = ______________________

M = ______________________

O = ______________________

V = ______________________

b)

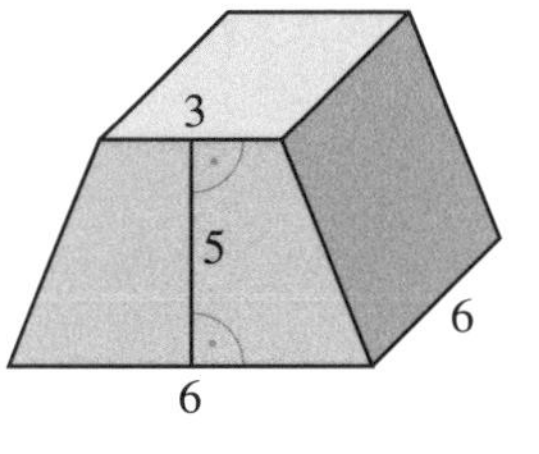

G = ______________________

M = ______________________

O = ______________________

V = ______________________

4. Das Dreieck ABC ist eine Grundfläche eines Prismas. Ebenso das Dreieck DEF.
(1) A (1|4) B (4|4) C (1|6)
(2) D (0|3) E (2|1) F (4|3)

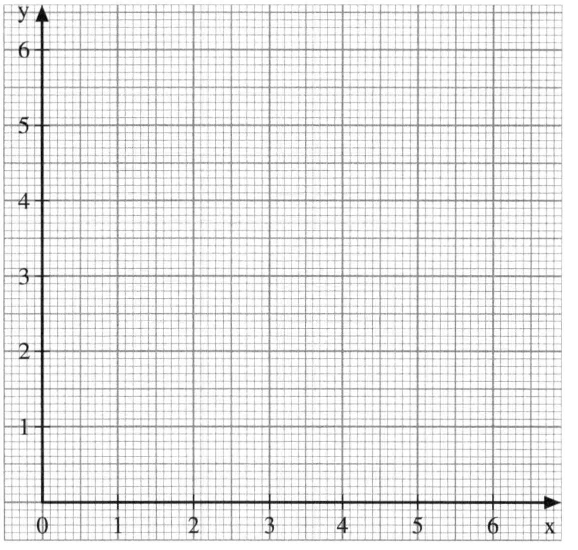

a) Zeichne die Grundflächen ABC und DEF in das Koordinatensystem.

b) Die Höhe der Prismen beträgt 5 cm. Berechne jeweils das Volumen.

(1) G = ______________________

V = ______________________

(2) G = ______________________

V = ______________________

5. Der Bremsklotz besteht aus Fichtenholz.
1 cm^3 Fichtenholz wiegt 0,52 g.
Berechne das Gewicht des Bremsklotzes. Gib das Ergebnis in kg an.

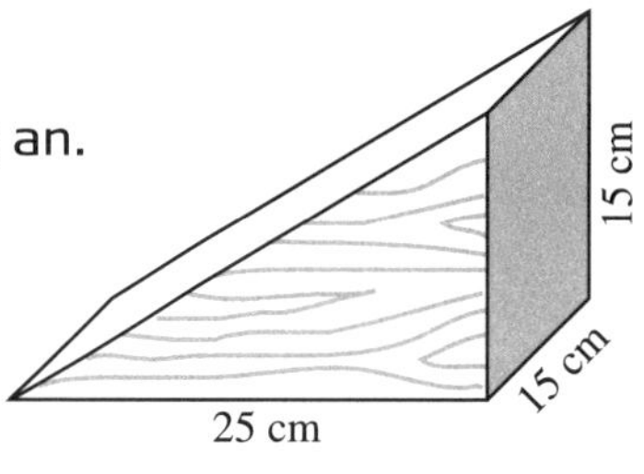

Rechnung:

Antwort: ______________________________________

6. Die Körper sind oben offen. Wie viel Liter fasst der Körper?
Wie viel dm^2 Blech braucht man für die Herstellung (Maße in cm).

a)

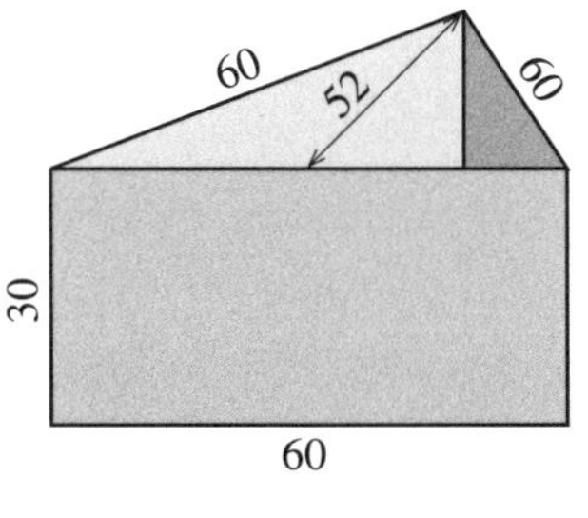

Rechnung:

Antwort: ______________________

b)

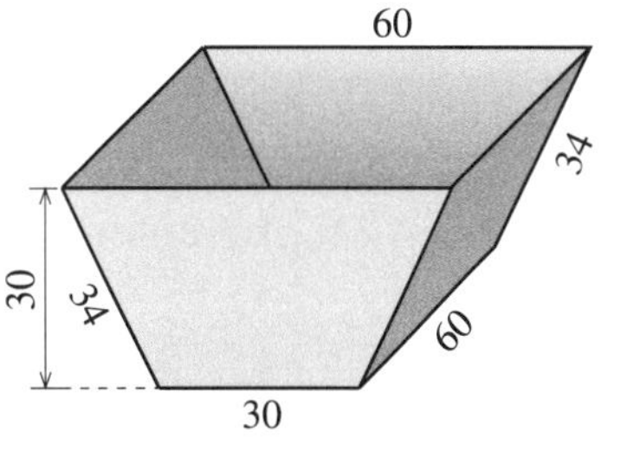

Rechnung:

Antwort: ______________________

7. Lineare Funktionen

Zuordnungen

1. a) In einem Museum wurde für den Verlauf eines Tages die Lufttemperatur aufgezeichnet.
Lies aus dem Graphen den jeweiligen Wert ab und trage ihn in die Wertetabelle ein.

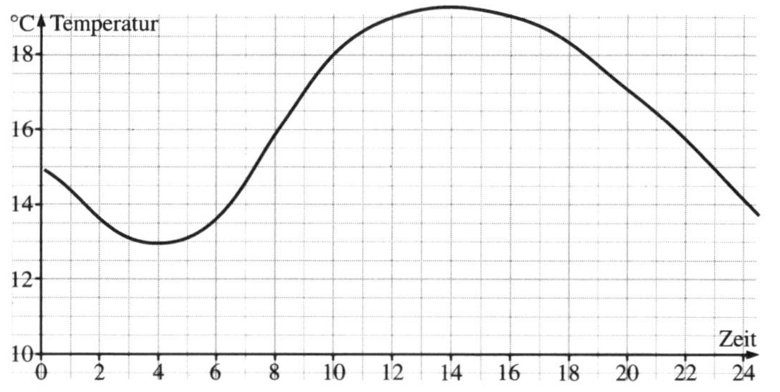

Zeitpunkt	0 Uhr	4 Uhr	8 Uhr	12 Uhr	16 Uhr	20 Uhr	24 Uhr
Temperatur							

b) Die Lufttemperatur hatte den Wert 16 °C um __________ Uhr und um __________ Uhr.

2. Ist dies eine eindeutige Zuordnung?

	ja	nein
a) *Zeitpunkt der Messung → Temperatur eines Menschen*	☐	☐
b) *Temperatur eines Menschen → Zeitpunkt der Messung*	☐	☐
c) *Gewicht der Zuckerrüben → Gewicht des daraus gewonnenen Zuckers*	☐	☐
d) *Wasserstand in einem Hafen → Zeitpunkt der Messung*	☐	☐
e) *Geldbetrag in Euro → Geldbetrag in Schweizer Franken*	☐	☐
f) *Alter eines Baumes → Größe des Baumes*	☐	☐

3. Handelt es sich um Graphen einer eindeutigen Zuordnung?

a)

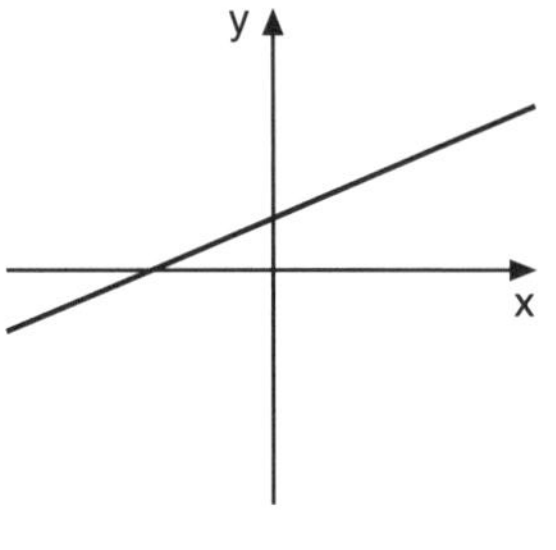

☐ ja
☐ nein

c)

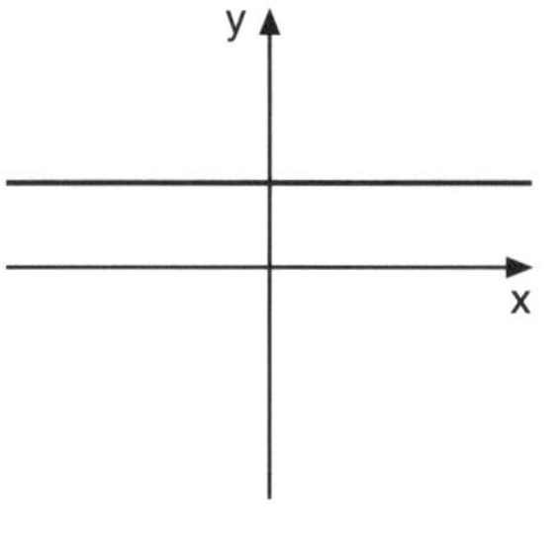

☐ ja
☐ nein

b)

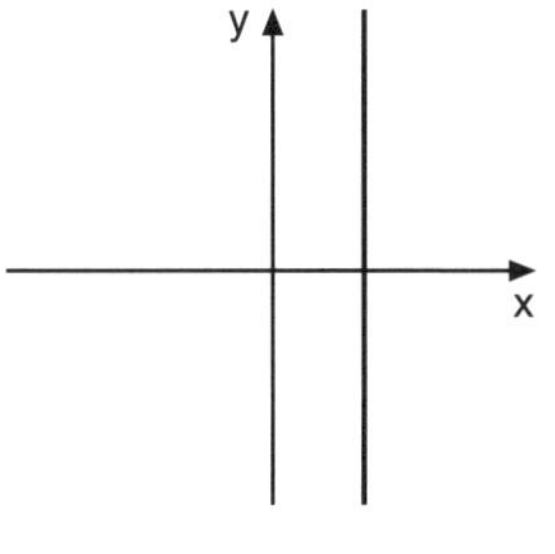

☐ ja
☐ nein

d)

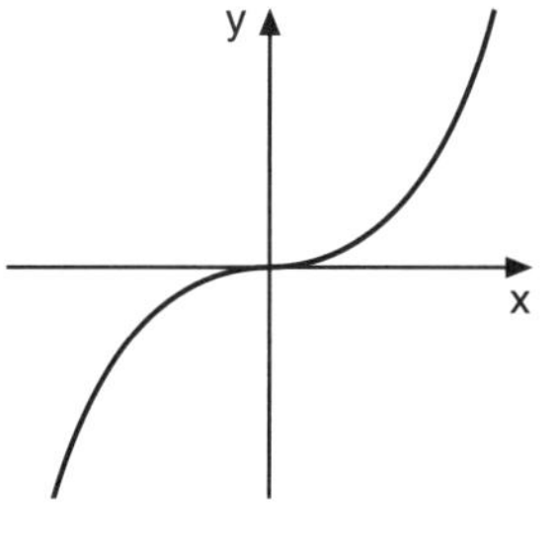

☐ ja
☐ nein

4. In der nebenstehenden Preistafel einer Privatbahn sind die Preise für verschiedene Fahrstrecken angegeben.

Fülle die Wertetabelle der Zuordnung aus.

Fahrstrecke (in km)	2,8	5,7	16,6	20
Fahrpreis (in €)				

Fahrstrecke (in km)	21,5	30,4	40	44,5
Fahrpreis (in €)				

Fahrstrecke	Fahrpreis
bis 5 km	1,20 €
über 5 km bis 10 km	1,50 €
über 10 km bis 15 km	2,20 €
über 15 km bis 20 km	2,70 €
über 20 km bis 30 km	3,30 €
über 30 km bis 40 km	4,30 €
über 40 km bis 50 km	5,40 €

5. Ein Rechteck hat einen Umfang von 36 cm.
Fülle die Zuordnungstabelle aus.

a	2 cm	4 cm	6 cm		9 cm	4,5 cm	
b	16 cm			10 cm			14,5 cm

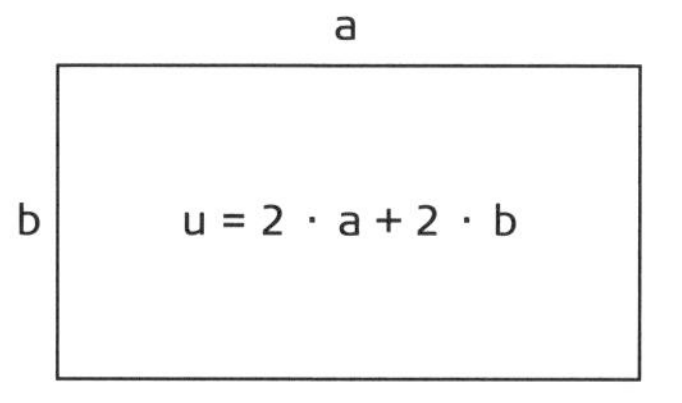

6. Ordne zusammengehörige Größen einander zu. Verbinde durch Pfeile.

Wasser-verbrauch	Datum	gefahrene Kilometer	Spannung	Parkdauer	Arbeiteranzahl

Wochentag	Parkgebühr	Benzin-verbrauch	Wasser-rechnung	Bauzeit	Stromstärke

7. a) Der Hausmeister, Herr Tell, stellt fest, dass aus dem kaputten Wasserhahn in nur 10 Minuten 120 m*l* Wasser tropfen. Er fragt sich, wie viele Liter das in den Sommerferien wären.

Zeit	Wassermenge
10 min	120 m*l*
1 h	
1 Tag	
1 Woche	
2 Wochen	
6 Wochen	

b) Ronnys Stromrechnung setzt sich aus einem jährlichen Grundpreis von 49 € und einer Gebühr von 0,29 € pro Kilowattstunde (kWh) zusammen. Berechne, welchen Betrag Ronny jeweils bezahlen muss.

Verbrauch (in kWh)	Preis (in €)
1	
10	
450	
982	
1263	
1748	

Proportionale Funktionen mit der Gleichung y = m · x

1. Zeichne zu jeder proportionalen Funktion den Graphen und ein geeignetes Steigungsdreieck.

a) y = x Steigung: m = ______

x	−2	−1	0	2
y				

b) $y = \frac{1}{2} \cdot x$ Steigung: ______

x	−2	−1	0	2
y				

c) y = −1,5 · x Steigung: ______

x	−2	−1	0	2
y				

d) y = −3 · x Steigung: ______

x	−1,5	−1	0	1
y				

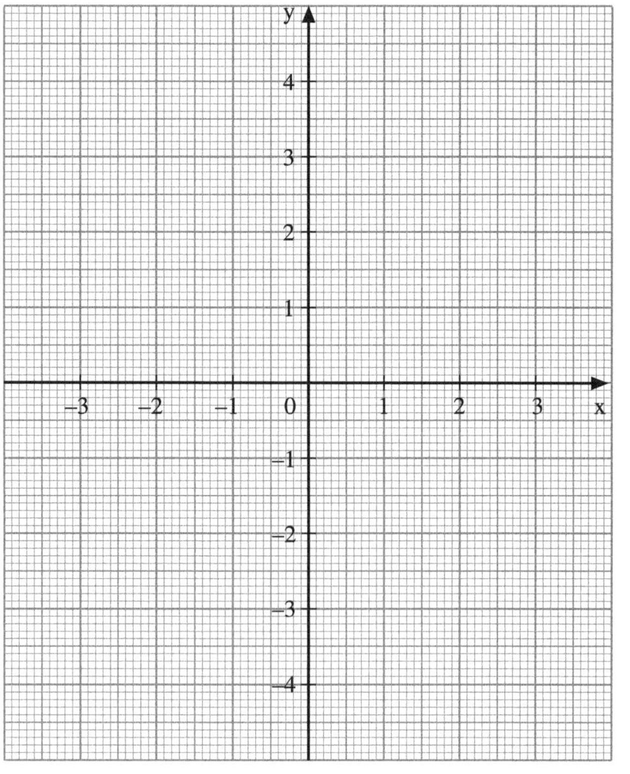

2. Beim Entsaften von Kirschen erhält man aus 1 kg Kirschen 0,25 *l* Saft.

a) Fülle die Wertetabelle aus:

Gewicht x (in kg)	1	2	3	4	5
Volumen y (in *l*)					

Funktionsgleichung: ______________

b) Zeichne den Graphen der Funktion.

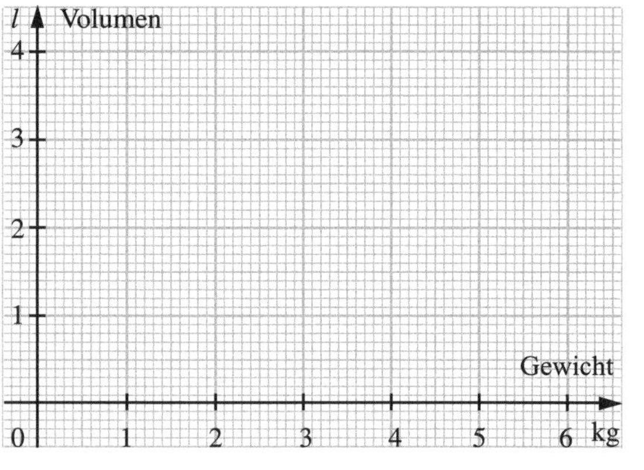

3. Zur Seitenlänge x eines Quadrates gehört ein bestimmter Umfang y.

a) Fülle die Wertetabelle aus:

x (in cm)	1	2	3	4	4,5	5
y (in cm)						

b) Gib die Funktionsgleichung an: ______________

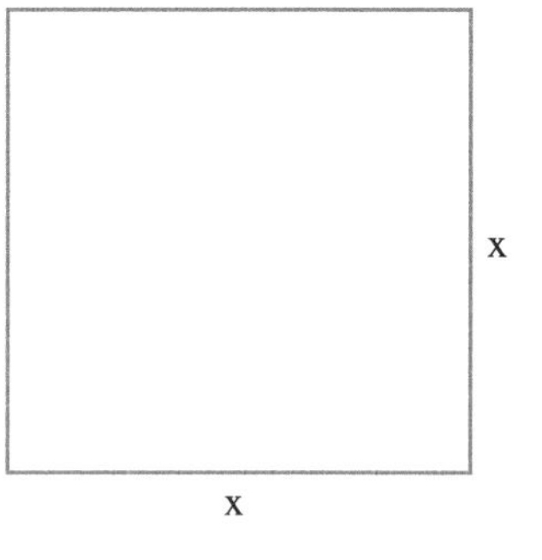

Lineare Funktionen mit der Gleichung $y = m \cdot x + b$

1. Ergänze die Wertetabelle und zeichne die Gerade.

a) $y = -x + 2$

x	−2	−1	0	1	2
y					

b) $y = 2x - 0{,}5$

x	−2	−1	0	1	2
y					

c) $y = 0{,}5x + 3$

x	−2	−1	0	1	2
y					

d) $y = 1{,}5x - 2$

x	0,5	1	1,5	2	2,5
y					

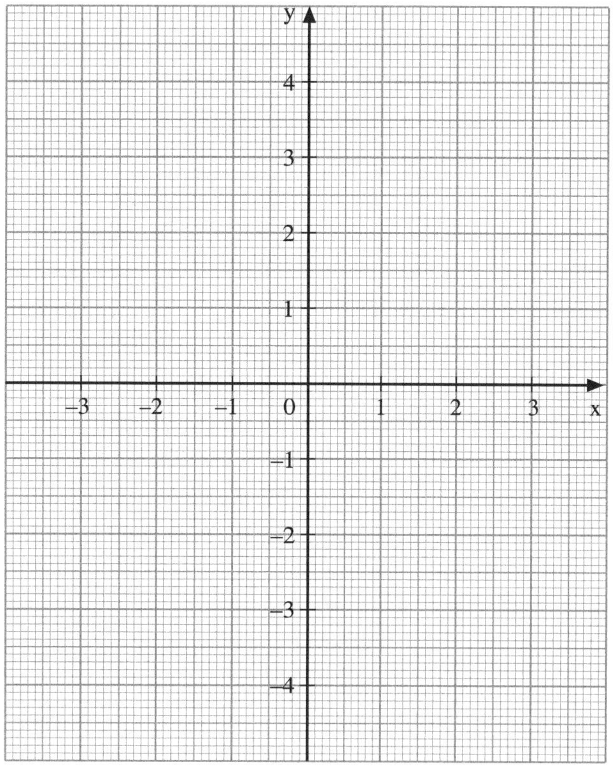

2. Gib jeweils die Steigung m und den y-Achsenabschnitt b des Graphen an.

Funktionsgleichung	m	b
$y = 5x + 3$		
$y = -\frac{3}{2}x + 2$		
$y = \frac{2}{5}x - 3$		

Funktionsgleichung	m	b
$y = -\frac{1}{4}x + 1{,}2$		
$y = x$		
$y = 2 - x$		

3. Zeichne den Graphen der linearen Funktion in ein Koordinatensystem.

a) $y = 3x - 1$

b) $y = -4x$

c) $y = 1{,}5x + 2$

d) $y = \frac{4}{3}x + 1$

e) $y = -\frac{1}{3}x + 3$

f) $y = -x - 3$

4. a) Zeichne die Graphen der Funktionen.

(1) $y = 2x$ (2) $y = 2x + 1$ (3) $y = 0{,}5x + 3$ (4) $y = \frac{2}{4}x + \frac{9}{3}$

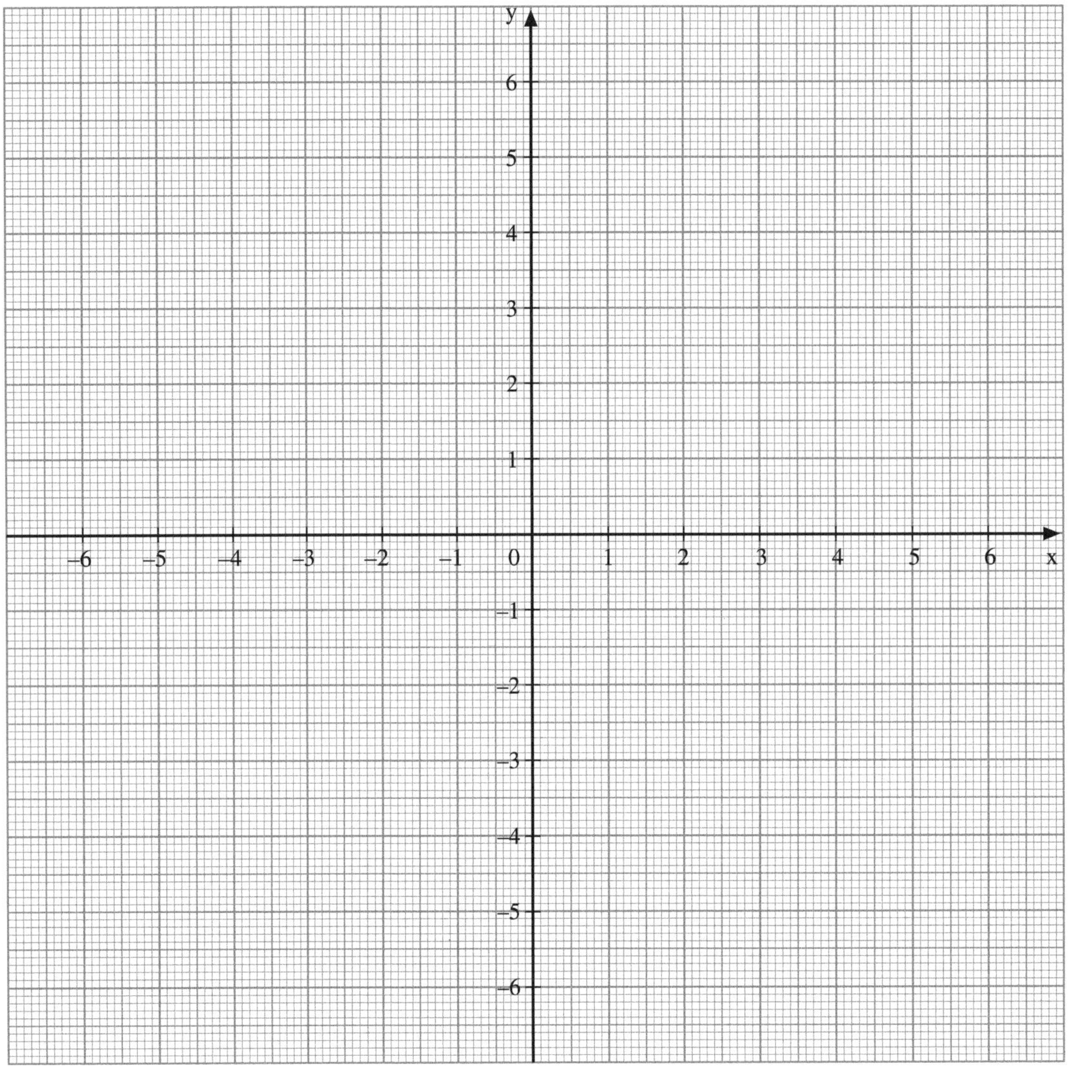

b) Vergleiche die Graphen der Funktionen. Ergänze dazu die folgenden Sätze:

Der Graph der linearen Funktion ____________________ verläuft durch den Koordinatenursprung.

Haben zwei lineare Funktionen **gleiche Werte von** m, aber **unterschiedliche Werte von** b, dann verlaufen die Graphen __________________.

Haben zwei lineare Funktionen **verschiedene Werte von** m, dann ____________________ ____________________________ die Graphen.

Haben zwei lineare Funktionen **gleiche Werte von** m und **gleiche Werte von** b, dann sind die Graphen __________________.

c) Gib die Koordinaten des Schnittpunktes S der Graphen von $y = 2x$ und $y = 0{,}5x + 3$ an.

Die Graphen schneiden sich im Punkt S (______|______).

5. Finde mithilfe der Tabelle zu jedem Graphen die Funktionsgleichung.

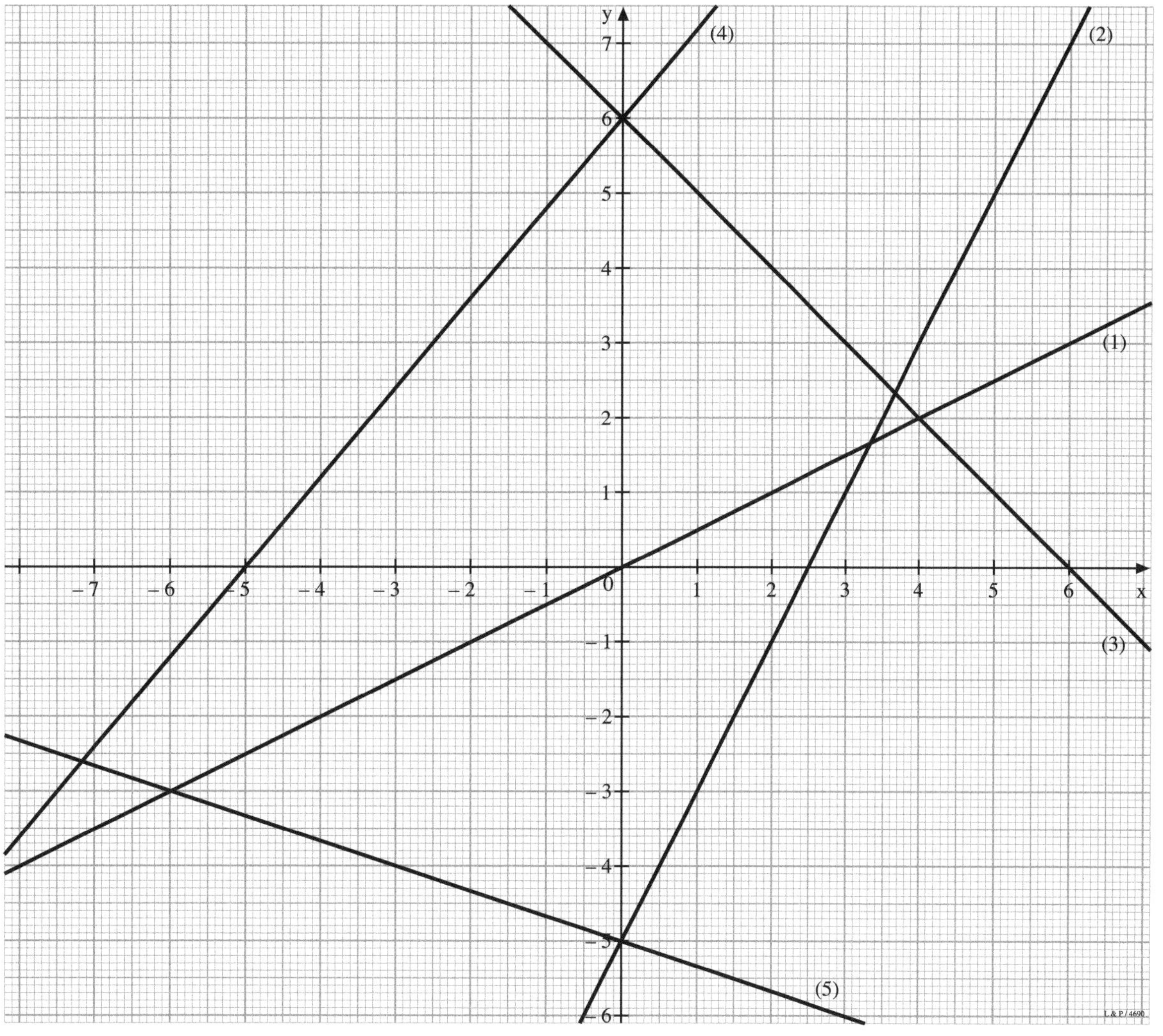

a)

Graph	Steigung m	y-Achsenabschnitt b	Funktionsgleichung
(1)			
(2)			
(3)			
(4)			
(5)			

b) An welchen Stellen nehmen die Funktionen zu den Graphen (1) bis (4) den Wert 0 an? Lies ab und überprüfe durch eine Rechnung.

(1) x_0 = ________ (2) x_0 = ________ (3) x_0 = ________ (4) x_0 = ________

________ ________ ________ ________

c) Berechne den Schnittpunkt des Graphen (5) mit der x-Achse.

Antwort: ____

6. a) Bestimme die Funktionsgleichung des Graphen I.

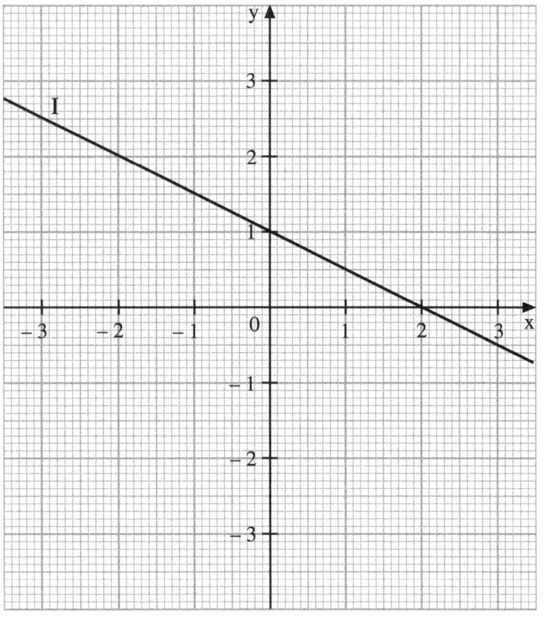

____

b) Zeichne einen Graphen II mit gleicher Steigung wie I durch den Punkt P(0|3).

Funktionsgleichung:

____

c) Zeichne einen Graphen III mit gleichem y-Achsenabschnitt wie I durch den Punkt Q(1|−2).

Funktionsgleichung:

____

7. a) Spiegele die gegebene Gerade an der x-Achse und an der y-Achse. Stelle von allen drei Geraden die Funktionsgleichung auf.

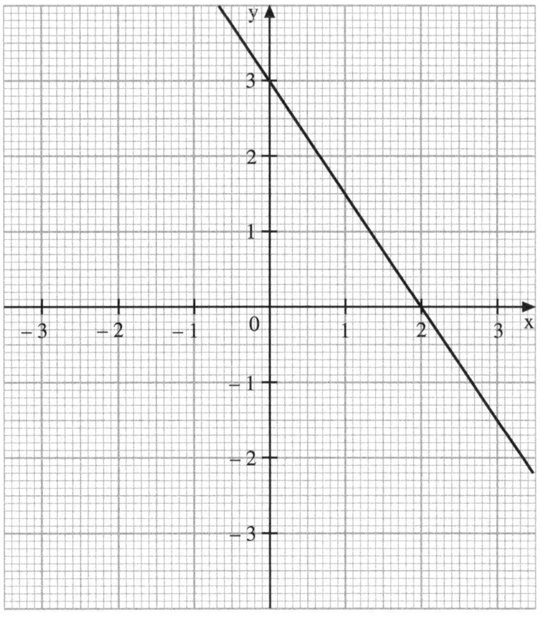

Gleichung der Originalgerade:

____

Gerade an der x-Achse gespiegelt:

____

Gleichung: ______________________

Gerade an der y-Achse gespiegelt:

____

Gleichung: ______________________

b) Die Originalgerade bildet mit der x- und der y-Achse ein Dreieck.
Berechne den Flächeninhalt des Dreiecks (Einheit 1 cm).
Rechnung:

Antwort: ______________________________

Anwendungen

1. Bei der Stromversorgung werden zwei Haushaltstarife angeboten.

Tarif 1	Grundgebühr:	10 €
	Preis je kWh:	0,29 €

Gleichung: $y = 0{,}29 \cdot x + 10$

Tarif 2	Grundgebühr:	15 €
	Preis je kWh:	0,23 €

Gleichung: ______________________

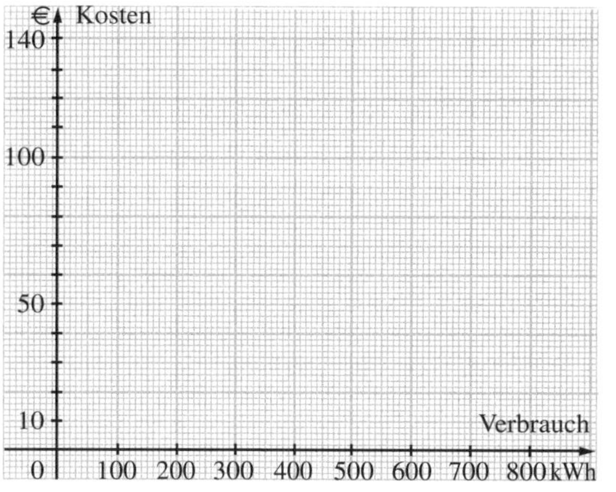

a) Fülle die Wertetabellen aus und zeichne mit ihrer Hilfe die Graphen der beiden Tarife.

Verbrauch (in kWh)	50	100	150	200	250	300
Tarif 1 (in €)						
Tarif 2 (in €)						

b) Tarif 1 wählt, wer ____.

Tarif 2 wählt, wer ____.

2. Für Elektroarbeiten bieten zwei Firmen ihre Dienste an.
Firma Hauser verlangt als Grundgebühr für An- und Abfahrt 32 € und je Arbeitsstunde 36 €.
Firma Losert berechnet 16 € Grundgebühr und je Arbeitsstunde 38 €.

a) Für x Arbeitsstunden berechnen sich die Kosten bei der Firma Hauser aus der Gleichung $y = 36 \cdot x + 32$. Fülle die Tabelle aus.

Anzahl der Stunden x	1	2	3	4	5	7	8	20
Kosten (in €) y								

b) Bei der Firma Losert lautet die Gleichung ______________.

Anzahl der Stunden x	1	2	3	4	5	7	8	20
Kosten (in €) y								

c) Bei wie vielen Arbeitsstunden entstehen die gleichen Kosten bei beiden Firmen?

______________________ = ______________________

Antwort: ____

d) Frau Richter erhält von der Firma Losert eine Rechnung über 510 €.
Wie viele Stunden hat die Firma bei ihr gearbeitet?

Gleichung: ____

Antwort: ____

8. Darstellen und Auswerten statistischer Daten

Statistische Erhebungen, Diagramme und Mittelwerte

1. Die Schüler der Klasse 8a der Gesamtschule „An den Obstwiesen“ wurden gefragt, welche der Früchte Apfel, Banane und Mandarine sie in der Frühstückspause bevorzugen. Die Befragung lieferte folgende Antworten:

Apfel 𝍸 |||| Banane 𝍸 𝍸 𝍸 Mandarine 𝍸 |

a) Ergänze die Tabelle.

Obstsorte			
absolute Häufigkeit			
relative Häufigkeit			
relative Häufigkeit in Prozent			
Winkel im Kreisdiagramm			

b) Veranschauliche das Ergebnis der Befragung in einem Streifendiagramm und in einem Kreisdiagramm.

2. Die zehn Mitarbeiter der Firma Wucher fordern eine Lohnerhöhung: „Wir arbeiten sehr hart und verdienen nur wenig.“
Der Chef lehnt ab: „Ihr verdient durchschnittlich weit mehr als 2 000 €.“
Zur Zeit erhalten die Mitarbeiter folgende Nettolöhne:
1 250 €, 950 €, 950 €, 950 €, 1 200 €, 1 250 €, 12 000 €, 950 €, 1 000 €, 950 €

a) Bestimme den Median und das arithmetische Mittel mit und ohne Ausreißerwert.

b) Bewerte die Aussage des Firmenchefs.

Antwort: ______________________________

____

3. Die Redaktion einer Schülerzeitung hat die Meinung über das letzte Schulfest in einer Umfrage erkundet.
Das Ergebnis der Befragung von zufällig ausgewählten Schülerinnen und Schülern lautet:

Meinung	☺ ☺	☺	0	☹	☹ ☹
Anzahl	83	94	78	35	18

Bestimme den Median. ______________________________

____

Formuliere ein Ergebnis für die Schülerzeitung.

____

4. Für Kassel wurden für die Jahre 2011 und 2012 die Anzahl der Heiztage bei einer mittleren Innentemperatur von 19 °C ermittelt. Zum Vergleich wurde das langjährige Mittel angegeben.

Monat	Jan.	Febr.	März	April	Mai	Juni	Juli	Aug.	Sept.	Okt.	Nov.	Dez.
Heiztage 2011	30	25	29	19	0	0	0	0	5	21	30	31
Heiztage 2012	31	26	26	14	6	0	0	0	0	15	29	31
langjähr. Mittel	31	28	28	20	5	0	0	0	3	18	28	31

a) Berechne die mittlere Anzahl der Heiztage pro Monat jeweils für 2011 und 2012. Ermittle den Durchschnitt der Heiztage beim langjährigen Mittel.

2011: ______________________ langjähriges Mittel: ______________________

2012: ______________________

b) Was stellst du beim Vergleich der Mittelwerte fest? Welche Schlussfolgerung könnte man ziehen?

____

c) Stelle die Anzahl der Heiztage 2011 und 2012 in einem Liniendiagramm dar. Trage das langjährige Mittel mit einer roten Linie ein.

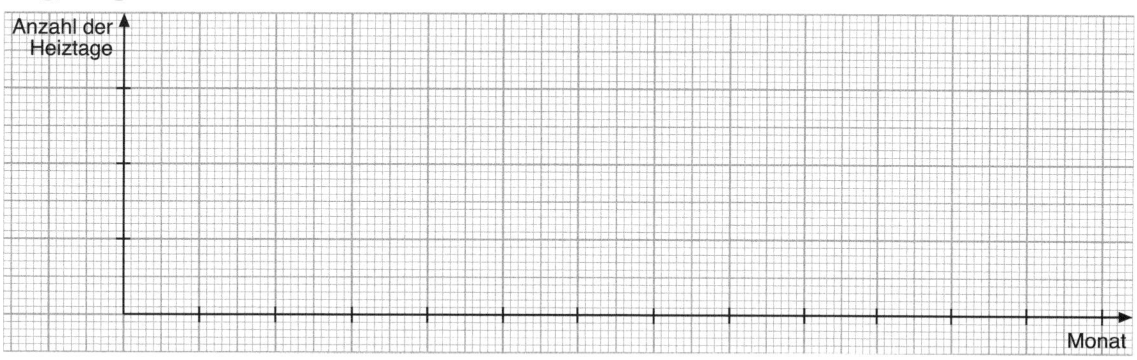

Mittelwerte und Streuung

1. Die Tabelle zeigt die durchschnittlichen Bruttomonatsverdienste deutscher Arbeitnehmer im produzierenden Gewerbe einiger Bundesländer (Stand 2012).

Land	Verdienst
Berlin	3 290 €
Bayern	3 530 €
Hessen	3 730 €
Sachsen	2 630 €
Sachsen-Anhalt	2 650 €
Thüringen	2 580 €

a) Zeichne ein Diagramm.
Berechne das arithmetische Mittel und den Median. Trage beide Werte in das Diagramm ein.

b) Bestimme die Spannweite.

2. In einer Vergleichsarbeit erreichten die Schüler der Klassen 8a und 8b folgende Noten:

8a	3	4	3	4	4	4	3	4	3	2	3	5	3	3	5	3	3	5	3	4
8b	1	6	1	1	5	4	4	5	5	5	2	4	6	4	2	1	5	1	5	2

a) Berechne für beide Klassen das arithmetische Mittel, den Median und die Spannweite.

b) Lehrer Spitz sagt: „Meine 8b war ganz klar besser."
Nutze die Daten, um Argumente für und gegen seine Aussage zu finden.